PREFÁCIO

A geodésia, a ciência da medição e representação da Terra, tem uma história rica e fascinante que remonta aos primórdios da civilização. Desde os antigos egípcios, que utilizavam a geometria para medir suas terras agrícolas, até os modernos satélites que monitoram as mudanças climáticas globais, a geodésia tem desempenhado um papel crucial no avanço do conhecimento humano.

Este livro, "A Geodésia – Origem e Evolução", é uma viagem através do tempo e do espaço, explorando como esta disciplina se desenvolveu ao longo dos séculos. A geodésia é uma ciência multidisciplinar que incorpora elementos de matemática, física, astronomia e tecnologia. Sua evolução reflete a progressão do pensamento científico e o desenvolvimento de ferramentas e técnicas que nos permitem compreender melhor o nosso planeta.

Ao longo deste livro, examinaremos as contribuições de figuras históricas notáveis, desde os antigos geômetras gregos até os cientistas da era espacial. Exploraremos como os avanços em instrumentos e tecnologias transformaram a maneira como medimos e representamos a Terra. E, finalmente, discutiremos as aplicações modernas da geodésia, que vão desde a navegação e engenharia até o monitoramento ambiental e a gestão de recursos naturais.

Escrever este livro foi uma jornada de descoberta e aprendizado. Espero que os leitores encontrem nele uma fonte rica de informações e inspiração, assim como eu encontrei durante sua criação. A geodésia não é apenas uma ciência técnica; é uma janela para a história da humanidade e para o nosso contínuo esforço em compreender o mundo ao nosso redor.

Gostaria de expressar minha gratidão a todos os que contribuíram para este trabalho, direta ou indiretamente. E aos leitores, cuja curiosidade e desejo de aprender são a verdadeira motivação para a escrita deste livro.

Que esta obra seja um ponto de partida para novas explorações e descobertas na fascinante ciência da geodésia.

Com apreço,

José   Ruiz   Watzeck.

Sumário

INTRODUÇÃO 1
CAPÍTULO 1: DEFINIÇÃO E CONCEITOS BÁSICOS 4
CAPÍTULO 2: HISTÓRIA DA GEODÉSIA 10
CAPÍTULO 3: A REVOLUÇÃO CIENTÍFICA E A GEODÉSIA
.... 27
CAPÍTULO 4: A ERA MODERNA DA GEODÉSIA 33
CAPÍTULO 5: GEODÉSIA ESPACIAL 37
CAPÍTULO 6: AGRIMENSURA E SUA RELAÇÃO COM A GEODÉSIA 42
CAPÍTULO 7: TOPOGRAFIA 47
CAPITULO 8: GEOPROCESSAMENTO E SUAS APLICAÇÕES 68
CAPITULO 9: CARTOGRAFIA TEMÁTICA 78
CONSIDERAÇÕES FINAIS 97
REFERÊNCIAS BIBLIOGRÁFICAS 100

INTRODUÇÃO

A geodésia, uma das ciências mais antigas e ao mesmo tempo mais modernas, é a base sobre a qual muitos dos nossos avanços tecnológicos e científicos se sustentam. Desde os primeiros dias da civilização, a necessidade de medir e mapear o nosso mundo impulsionou o desenvolvimento de técnicas e instrumentos que foram se refinando ao longo dos séculos.

A palavra "geodésia" tem origem no grego antigo, significando literalmente "divisão da Terra". No entanto, a geodésia é muito mais do que apenas dividir ou medir a terra. É a ciência que nos permite compreender a forma, a orientação no espaço e o campo gravitacional da Terra, com aplicações que abrangem desde a cartografia e a navegação até a gestão de recursos naturais e o monitoramento ambiental.

Este livro, "A Geodésia – Origem e Evolução", pretende ser um guia abrangente que traça a trajetória desta ciência desde seus primórdios até os dias atuais. Dividido em capítulos que abordam tanto o desenvolvimento histórico quanto os avanços tecnológicos e as aplicações contemporâneas, o objetivo é proporcionar ao leitor uma visão completa e integrada da geodésia.

No primeiro capítulo, apresentaremos os conceitos básicos e a definição da geodésia, diferenciando-a de outras disciplinas e destacando sua importância. No segundo capítulo, embarcaremos numa viagem através da história, explorando as primeiras tentativas de medir a Terra pelas civilizações antigas, passando pelo papel crucial da astronomia na Idade Média e chegando aos grandes avanços da Revolução Científica.

Prosseguindo, examinaremos a era moderna, onde a precisão das medições geodésicas aumentou exponencialmente graças ao desenvolvimento de novos instrumentos e técnicas. A era espacial trouxe consigo uma revolução na geodésia, com satélites permitindo uma compreensão mais detalhada e precisa do nosso planeta.

Nos capítulos finais, discutiremos as tecnologias mais recentes e as futuras direções da geodésia, explorando suas aplicações práticas em diversas áreas e os desafios que ainda enfrentamos. A geodésia, com suas interseções com outras ciências e tecnologias, continuará a evoluir, oferecendo novas ferramentas e insights para resolver os problemas do nosso mundo.

Espero que este livro não apenas informe, mas também inspire. A geodésia é uma ciência viva, cheia de descobertas emocionantes e possibilidades ilimitadas. Que esta obra sirva como um convite para explorar e valorizar a riqueza e a profundidade desta disciplina fascinante.

Seja você um estudante, um profissional ou simplesmente um curioso, convido-o a mergulhar nesta jornada através do tempo e do espaço, descobrindo a geodésia em todas as suas dimensões.

CAPÍTULO 1: DEFINIÇÃO E CONCEITOS BÁSICOS

O que é Geodésia?

A geodésia é a ciência que estuda a forma, as dimensões e o campo gravitacional da Terra. Ela é responsável por medir e representar a superfície terrestre, considerando suas variações naturais e artificiais. Além disso, a geodésia envolve o desenvolvimento de sistemas de referência, que são essenciais para a cartografia, navegação e outras aplicações geográficas.

Em sua essência, a geodésia combina aspectos da matemática, física e astronomia para fornecer uma compreensão precisa e detalhada do nosso planeta. O objetivo principal é determinar a posição de pontos na superfície terrestre com a máxima precisão possível, considerando as variações na forma e no campo gravitacional da Terra.

Termos e Conceitos Fundamentais

Para compreender a geodésia, é essencial familiarizar-se com alguns termos e conceitos básicos:

Elipsoide de Referência: Um modelo matemático simplificado da Terra, que assume uma forma elipsoidal para facilitar os cálculos geodésicos. O elipsoide de referência é ajustado para se aproximar o máximo possível da forma verdadeira da Terra.

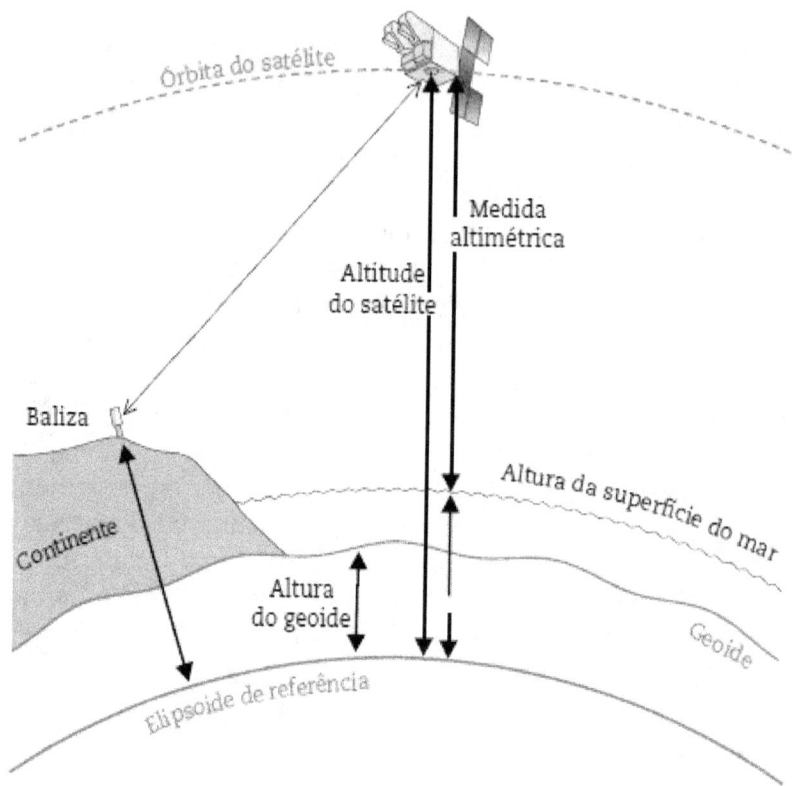

Geoide: A superfície equipotencial do campo gravitacional da Terra que coincide com o nível médio dos oceanos. O geoide é utilizado como uma referência mais precisa para medições de altitude.

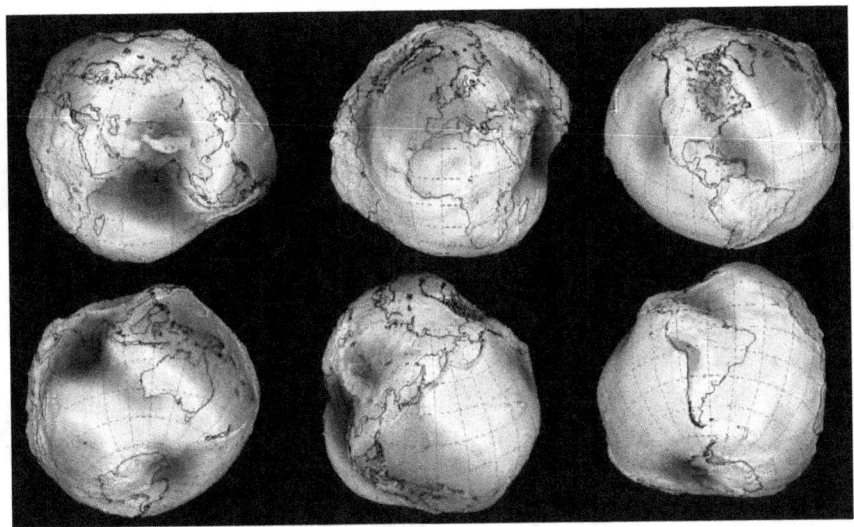
Geoide

Datum Geodésico: Um sistema de referência que inclui um elipsoide de referência e um ponto de origem, usado para definir coordenadas geográficas. Existem vários datums geodésicos utilizados em diferentes regiões do mundo.

Coordenadas Geográficas: Um sistema de coordenadas que utiliza latitude e longitude para definir a posição de um ponto na superfície da Terra.

Triangulação: Um método de medição geodésica que envolve a criação de uma rede de triângulos conectados. As distâncias e ângulos entre pontos conhecidos são medidos para determinar as posições de outros pontos.

Nivelamento: Um processo de medição de diferenças de altura entre pontos na superfície terrestre, essencial para a determinação de altitudes e a criação de mapas topográficos.

Diferença entre Geodésia e Outras Ciências Geográficas

A geodésia é frequentemente confundida com outras disciplinas geográficas, como a cartografia e a topografia. Embora todas essas ciências estejam inter-relacionadas, cada uma tem seu foco específico:

Cartografia: A arte e a ciência de criar mapas. A cartografia utiliza dados geodésicos para representar graficamente a superfície terrestre, mas seu foco principal é a apresentação visual e a comunicação de informações geográficas.

Topografia: A prática de medir e representar as características físicas da superfície terrestre, como elevações, depressões e outras feições naturais e artificiais. A topografia é uma aplicação prática da geodésia, concentrando-se em áreas menores e em detalhes mais específicos.

Geoinformática: O campo que combina a coleta, análise e interpretação de dados geográficos usando tecnologias como sistemas de informação geográfica (SIG) e sensoriamento remoto. A geoinformática utiliza informações geodésicas para análise espacial e tomada de decisões.

A Importância da Geodésia

Esta ciência desempenha um papel crucial em diversas áreas da vida moderna. Entre suas aplicações mais importantes estão:

Navegação e Transporte: Fornece a base para sistemas de navegação, como o GPS, que são essenciais para a aviação, navegação marítima e transporte terrestre.

Engenharia e Construção: Medições geodésicas precisas são fundamentais para projetos de engenharia e construção, garantindo que estruturas como pontes, edifícios e estradas sejam construídas corretamente.

Monitoramento Ambiental: A geodésia é utilizada para monitorar mudanças na superfície terrestre, como o movimento de placas tectônicas, a elevação do nível do mar e a subsidência do solo. Essas informações são vitais para a gestão de desastres naturais e a preservação do meio ambiente.

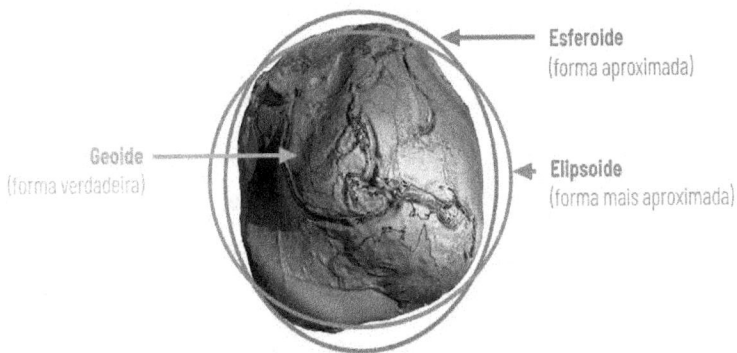

Pesquisa Científica: A disciplina fornece dados essenciais para diversas pesquisas científicas, incluindo estudos sobre o clima, a geodinâmica e a exploração espacial.

A geodésia é uma ciência fundamental que sustenta muitas das tecnologias e aplicações modernas que consideramos essenciais em nossa vida cotidiana. Com uma compreensão básica de seus conceitos e terminologias, podemos apreciar melhor a importância desta disciplina e seu impacto duradouro na nossa sociedade.

Nos próximos capítulos, exploraremos a rica história da geodésia, desde suas origens na antiguidade até os avanços tecnológicos do século XXI. Veremos como esta ciência evoluiu ao longo do tempo e como continua a desempenhar um papel crucial na nossa compreensão e interação com o mundo.

CAPÍTULO 2: HISTÓRIA DA GEODÉSIA

A história da geodésia é uma fascinante jornada que atravessa milênios, refletindo a evolução do conhecimento humano e da tecnologia. Neste capítulo, exploraremos como diferentes civilizações e períodos históricos contribuíram para o desenvolvimento desta ciência, começando pela antiguidade, passando pela Idade Média, e culminando na Revolução Científica.

Os antigos egípcios foram pioneiros na aplicação de técnicas geométricas para medir e dividir a terra. Eles desenvolveram métodos precisos para a agrimensura, fundamentais para a construção das pirâmides e para a gestão agrícola ao longo do rio Nilo. O uso de cordas esticadas e estacas para criar linhas retas e ângulos permitiu aos egípcios estabelecer medidas de terrenos agrícolas após as inundações anuais do Nilo.

Os gregos antigos fizeram avanços significativos na geodésia através do desenvolvimento de conceitos matemáticos e geométricos. Pitágoras e Euclides contribuíram com fundamentos geométricos que seriam utilizados em medições terrestres. Eratóstenes de Cirene, por exemplo, fez uma das primeiras medições conhecidas da circunferência da Terra no século III a.C. usando a diferença de ângulo de sombra entre Alexandria e Siena.

Os romanos herdaram o conhecimento geodésico dos gregos e o expandiram para criar uma vasta rede de estradas e aquedutos. Eles desenvolveram instrumentos como o groma, utilizado para alinhar ruas e construir cidades com precisão. A administração eficiente do Império Romano dependia de mapas precisos e da capacidade de medir distâncias com precisão.

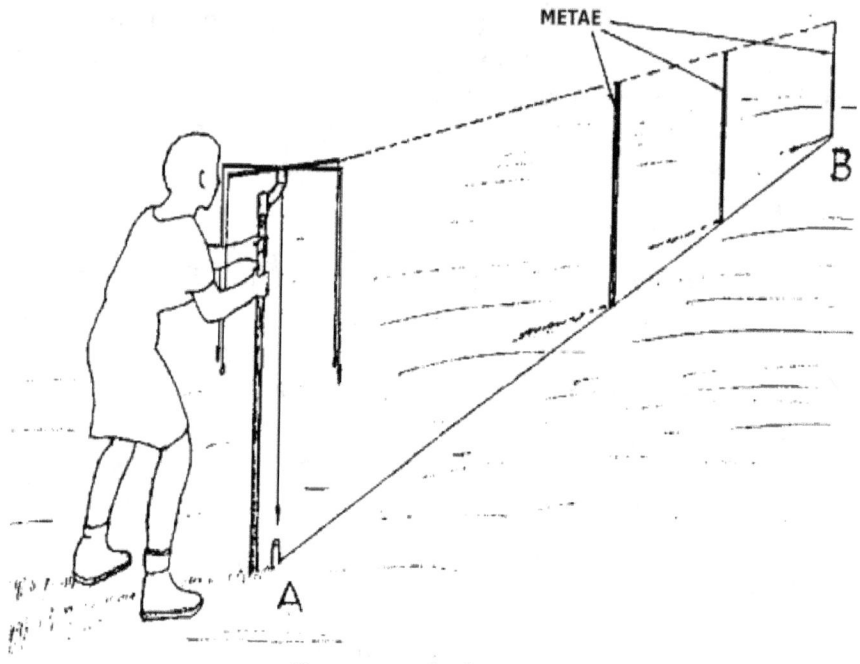

Representação do groma

Representação do groma

Contribuições Árabes e Medievais

Durante a Idade Média, enquanto a Europa ocidental enfrentava um período de estagnação científica, o mundo islâmico florescia em conhecimento e inovação. Geodesistas árabes como Al-Biruni e Al-Idrisi fizeram avanços importantes na medição da Terra e na criação de mapas. Al-Biruni, no século XI, calculou com precisão o raio da Terra e contribuiu significativamente para a cartografia.

Importância da Astronomia

A astronomia desempenhou um papel crucial na geodésia medieval. A necessidade de determinar a localização precisa para a oração em direção a Meca incentivou os cientistas islâmicos a desenvolverem técnicas avançadas de medição astronômica. Instrumentos como o astrolábio e a quadratura foram refinados e usados tanto para a navegação quanto para a geodésia.

astrolábio

O Renascimento europeu marcou um período de redescoberta e expansão do conhecimento científico. Figuras como Galileu Galilei, Johannes Kepler e Isaac Newton revolucionaram a compreensão do mundo natural, influenciando diretamente a geodésia. A teoria heliocêntrica de Copérnico e as leis do movimento de Kepler forneceram uma nova base para as medições geodésicas.

Desenvolvimento de Novos Instrumentos

Quadratura
(Astronomia)

Configuração de um objeto celestial na qual seu alongamento (separação angular entre o Sol e o planeta, com Terra como ponto de referência) é perpendicular à direção do Sol.

Representação: quadratura

O período da Revolução Científica viu a criação e aprimoramento de instrumentos geodésicos cruciais. O telescópio, inventado por Galileu, permitiu medições astronômicas mais precisas. O teodolito, um instrumento essencial para medir ângulos horizontais e verticais, foi desenvolvido e refinado durante este período, facilitando a criação de redes de triangulação mais precisas.

Medições Geodésicas no Século XIX - Triangulação e Redes de Controle

O século XIX foi uma era de expansão e precisão nas medições geodésicas. A técnica de triangulação, que

Imagem: Teodolito; em latão, bússola, monóculo e nível

envolve a criação de uma rede de triângulos conectados, tornou-se padrão para grandes levantamentos geodésicos. Redes de controle foram estabelecidas em muitos países, permitindo medições de alta precisão em grandes áreas.

Geodesistas notáveis como Carl Friedrich Gauss e Pierre-Simon Laplace fizeram contribuições significativas no século XIX. Gauss, um dos maiores matemáticos da história, aplicou seus conhecimentos para desenvolver métodos mais precisos de cálculo de redes de triangulação. Laplace contribuiu para a teoria do potencial gravitacional, essencial para a compreensão do geoide.

A Era Espacial e a Geodésia - Satélites Geodésicos e a Medição da Terra

O advento da era espacial trouxe uma revolução para esta ciência. Satélites geodésicos, como os da série Lageos, permitiram medições extremamente precisas da forma e do campo gravitacional da Terra. Estes satélites ajudaram a definir o sistema de referência terrestre com uma precisão sem precedentes.

Sobre o Lageos

Em 4 de maio de 1976, a NASA lançou um satélite em forma de bala de canhão que revolucionou os estudos sobre a forma, rotação e campo gravitacional da Terra.

LAGEOS – Laser Geodynamic Satellite – foi o primeiro satélite da NASA dedicado à técnica de medição de precisão chamada alcance a laser. Com essa tecnologia, cientistas puderam medir o movimento das placas tectônicas da Terra, detectar irregularidades na rotação do planeta, determinar sua massa e rastrear pequenas mudanças em seu centro de massa.

Pequenas variações na órbita do satélite ajudaram a desenvolver os primeiros modelos do campo gravitacional da Terra. Outras perturbações na órbita explicaram como a luz solar aquecendo pequenos objetos pode influenciar suas trajetórias, incluindo asteroides próximos à Terra.

Projetado para durar, o satélite de 400 quilos é passivo, sem sensores, eletrônicos de bordo ou partes móveis. Seu núcleo de latão é coberto por uma concha de alumínio pontilhada com 426 retrorefletores, fazendo-o parecer uma bola de golfe gigante.

"O LAGEOS é elegantemente simples – uma esfera coberta com prismas refletores", disse Stephen Merkowitz, gerente do Projeto de Geodésia Espacial da NASA no Goddard Space Flight Center, em Greenbelt, Maryland. "Mas ele estabeleceu um novo padrão para alcance a laser e forneceu mais de 40 anos de continuidade para essas medições." O satélite foi lançado da Vandenberg Air Force Base, na Califórnia, e seu design, desenvolvimento e construção foram gerenciados pelo Marshall Space Flight Center da NASA em Huntsville, Alabama.

O LAGEOS viaja em uma órbita circular estável, de polo a polo, a mais de 5.900 quilômetros acima da superfície da Terra. Nesta altitude – órbita média da Terra – o satélite sente muito pouco arrasto atmosférico e pode ser observado por estações terrestres em diferentes continentes simultaneamente.

Ao longo dos anos, 183 estações no mundo todo se conectaram ao LAGEOS, e muitas ainda o fazem. Um pulso de laser é transmitido de uma estação terrestre, ricocheteia em um dos retrorrefletores do satélite e retorna para a estação. O tempo que o pulso leva para fazer essa viagem de ida e volta é medido com precisão e usado para calcular a distância entre o satélite e a estação.

Essa técnica é chamada de alcance de laser de satélite. Ao fazer essas medições ao longo do tempo, as posições absolutas das estações – relativas ao centro de massa da Terra – podem ser determinadas. A partir disso, mudanças sutis nas posições das estações relativas umas às outras podem ser calculadas.

Um dos objetivos originais do LAGEOS era permitir medições precisas dos movimentos das principais placas tectônicas da crosta terrestre. Na época do lançamento do satélite, a teoria da tectônica de placas estava estabelecida, apoiada por evidências de expansão do fundo do mar e padrões magnéticos na crosta. No entanto, ainda havia dúvidas sobre o quanto as placas se moviam nos tempos modernos e como essas informações poderiam ajudar a entender terremotos. "O que faltava era uma maneira de medir a velocidade e a direção do movimento das placas ao longo do tempo", disse Frank Lemoine, cientista geofísico de Goddard.

O alcance de laser por satélite começou antes do LAGEOS, mas as primeiras medições tinham precisões de cerca de 1 metro. O LAGEOS possibilitou atingir precisões de menos de 1 centímetro – o nível necessário para detectar o movimento das placas tectônicas. As medições modernas melhoraram por outro fator de 10.
"Naquela época, as pessoas não conseguiam acreditar que poderíamos realmente medir a distância de um satélite orbitando naquela altitude com tanta precisão", disse Erricos Pavlis, pesquisador da Universidade de Maryland, no Condado de Baltimore.

Essas medições precisas também possibilitaram detectar pequenas irregularidades na rotação da Terra, causadas pelo movimento de massa na atmosfera e nos oceanos, e movimento polar – a migração do eixo de rotação do planeta. O alcance do LAGEOS foi preciso o suficiente para revelar pequenas perturbações na órbita do satélite, que forneceram a base para os primeiros modelos de gravidade da Terra. O satélite também foi usado para detectar o ressurgimento da crosta terrestre em regiões que haviam sido ligeiramente achatadas quando antigas camadas de gelo cobriam a área da Baía de Hudson, Finlândia e Escandinávia.

"Hoje, vemos a Terra como um sistema, com o formato do planeta, rotação, atmosfera, campo gravitacional e os movimentos dos continentes todos conectados. Nós tomamos isso como certo agora, mas o LAGEOS nos ajudou a chegar a essa visão", disse David E. Smith, que foi o cientista do projeto LAGEOS em Goddard e agora está no Instituto de Tecnologia de Massachusetts em Cambridge. Um satélite irmão quase idêntico, LAGEOS-2, foi lançado em 1992 como uma parceria entre a Agência Espacial Italiana e a NASA. Este satélite viaja em uma órbita complementar e, juntos, os dois permitiram uma gama mais ampla de estudos. Os dados deste par foram usados para confirmar uma previsão da teoria geral da relatividade de Einstein: arrasto de quadro. Esta é uma pequena perturbação da órbita de um objeto ao redor de um corpo central giratório massivo, chamado de efeito gravitomagnético ou Lense-Thirring.

O LAGEOS também levou à descoberta de outros efeitos sutis. Um deles foi o efeito sazonal Yarkovsky, uma pequena força de frenagem que ocorre quando a luz solar aquece um lado da espaçonave e a espaçonave posteriormente emite esse calor. Esse arrasto é uma variação do efeito Yarkovsky original, que ocorre devido à rotação do satélite em torno de seu eixo. A versão sazonal ocorre ao longo de sua órbita ao redor da Terra.

O efeito sazonal Yarkovsky – junto com outras forças minúsculas – reduz a órbita do LAGEOS em uma fração de milímetro a cada dia.

"Esses e outros efeitos relacionados são de particular interesse ultimamente porque podem redirecionar as órbitas de objetos pequenos, como asteroides próximos da Terra", disse David Rubincam, cientista de Goddard envolvido nesses estudos.

A sonda espacial OSIRIS-REx da NASA investigará o efeito Yarkovsky como parte de sua missão para estudar o asteroide Bennu e trazer uma amostra à Terra para análise.

Hoje em dia, o LAGEOS faz parte de uma constelação de satélites que ajudam a estabelecer e manter o referencial terrestre, que conecta sistemas de navegação ao redor do globo e serve como uma referência fundamental para navegação interplanetária de espaçonaves. Os dois satélites LAGEOS têm o papel único de definir a origem, ou ponto central, do referencial terrestre; isso é baseado no centro de massa da Terra.

Ainda forte em seu 48º aniversário, espera-se que o LAGEOS gire em torno da Terra por milhões de anos. Com isso em mente, o orbitador carrega uma placa projetada por Carl Sagan. A maior parte da placa é dedicada a três painéis, cada um com um mapa da Terra em uma época diferente. O painel superior representa a Terra 268 milhões de anos atrás, quando os continentes foram unidos como uma única massa de terra. O painel do meio mostra a configuração moderna dos continentes. O último painel projeta a configuração 8,4 milhões de anos no futuro, quando o satélite foi originalmente previsto para finalmente cair na Terra.

"Há muito otimismo incorporado nesta mensagem para o futuro", disse Merkowitz. "Ela representa a visão que levou ao lançamento de um satélite projetado para operar por eras futuras."

Sistemas de Posicionamento Global (GPS)

O desenvolvimento do Sistema de Posicionamento Global (GPS) no final do século XX foi um marco na história da geodésia. O GPS permite determinar a posição de um ponto na superfície terrestre com uma precisão de centímetros em tempo real. Este sistema transformou não apenas a navegação, mas também inúmeras aplicações geodésicas e científicas.

Sistemas Globais de Navegação por Satélite (GNSS)

Os Sistemas Globais de Navegação por Satélite (GNSS) são uma tecnologia essencial que permite a determinação precisa da localização em qualquer parte do mundo. O GNSS inclui vários sistemas operacionais e em desenvolvimento, cada um pertencente a diferentes países ou coalizões. Aqui apresentarei uma visão abrangente dos principais sistemas GNSS, incluindo o Sistema de Posicionamento Global (GPS) dos Estados Unidos, o BeiDou da China, o GLONASS da Rússia, o Galileo da União Europeia e outros sistemas emergentes.

O GPS, desenvolvido pelo Departamento de Defesa dos Estados Unidos, é o sistema GNSS mais amplamente utilizado no mundo. Consiste em uma constelação de pelo menos 24 satélites operacionais que orbitam a Terra a uma altitude de aproximadamente 20.200 quilômetros. O GPS fornece serviços de posicionamento, navegação e cronometragem (PNT) e é usado em uma ampla gama de aplicações, desde navegação automotiva até operações militares e científicas.

Os sinais de GPS são transmitidos em várias frequências, permitindo a correção de erros atmosféricos e melhorando a precisão. A disponibilidade global e a alta precisão do GPS o tornaram um componente essencial da infraestrutura tecnológica global.

BeiDou (BDS)

O BeiDou Navigation Satellite System (BDS) é o sistema GNSS desenvolvido pela China. O desenvolvimento do BeiDou começou na década de 1990, com a primeira fase, conhecida como BeiDou-1, fornecendo cobertura regional limitada. A segunda fase, BeiDou-2, expandiu a cobertura para a Ásia-Pacífico, e a terceira fase, BeiDou-3, completada em 2020, proporciona cobertura global.

BeiDou utiliza uma combinação de satélites em órbita terrestre média (MEO), órbita geossíncrona inclinada (IGSO) e órbita geostacionária (GEO). Este arranjo único permite ao BeiDou oferecer serviços de posicionamento mais robustos e resilientes, particularmente na região da Ásia-Pacífico. Além disso, o BeiDou fornece serviços de mensagens curtas, uma característica não disponível nos outros sistemas GNSS.

GLONASS (Sistema Global de Navegação por Satélite)

O GLONASS, desenvolvido pela Rússia, é o segundo sistema GNSS globalmente operacional depois do GPS. O desenvolvimento do GLONASS começou na era soviética, com a constelação de satélites completa alcançada em 1995. Após um período de declínio, o GLONASS foi revitalizado e atualmente consiste em uma constelação de 24 satélites operacionais.

O GLONASS opera em frequências ligeiramente diferentes do GPS, e a combinação de dados de ambos os sistemas pode melhorar a precisão do posicionamento. O sistema é amplamente utilizado na Rússia e em países aliados, com aplicações que vão desde a navegação de veículos até a gestão de recursos naturais.

Galileo

O Galileo é o sistema GNSS desenvolvido pela União Europeia. Lançado oficialmente em 2016, o Galileo visa fornecer uma alternativa civil ao GPS e ao GLONASS, com um foco particular na alta precisão e confiabilidade. O sistema é composto por uma constelação de 30 satélites (24 operacionais e 6 de reserva) em órbitas terrestres médias.

O Galileo oferece vários serviços, incluindo o Open Service (OS) para uso público, o Commercial Service (CS) para aplicações de alta precisão, e o Public Regulated Service (PRS) para uso governamental e de emergência. A interoperabilidade com outros sistemas GNSS é uma característica chave do Galileo, permitindo um desempenho aprimorado quando utilizado em conjunto com GPS, GLONASS ou BeiDou.

Outros Sistemas GNSS

Além dos quatro principais sistemas GNSS globais, existem outros sistemas regionais em desenvolvimento ou operação:

1. QZSS (Quasi-Zenith Satellite System): Desenvolvido pelo Japão, o QZSS é um sistema de aumento regional que complementa o GPS, fornecendo cobertura aprimorada e precisão no Japão e na região Ásia-Oceania. O QZSS utiliza satélites em órbitas quase zenitais, que permanecem sobre a Ásia-Pacífico por longos períodos.

2. IRNSS (Indian Regional Navigation Satellite System) / NavIC (Navigation with Indian Constellation): Desenvolvido pela Índia, o IRNSS é um sistema regional que fornece serviços de posicionamento precisos na Índia e na região ao redor. A constelação é composta por satélites em órbitas geossíncronas e geostacionárias.

3. SBAS (Satellite-Based Augmentation Systems): Sistemas de aumento baseados em satélite, como o WAAS (Wide Area Augmentation System) nos Estados Unidos, EGNOS (European Geostationary Navigation Overlay Service) na Europa, e outros, melhoram a precisão e a integridade dos sinais GNSS, particularmente para a aviação civil.

Os sistemas GNSS são uma pedra angular da tecnologia moderna, facilitando uma vasta gama de aplicações em navegação, ciência, transporte, agricultura, e muitas outras áreas. Cada sistema GNSS tem características únicas e vantagens específicas, e a interoperabilidade entre eles oferece um nível sem precedentes de precisão e confiabilidade. À medida que a tecnologia avança, os GNSS continuarão a evoluir, fornecendo serviços ainda mais precisos e abrangentes para um mundo cada vez mais conectado.

A história da geodésia é um testemunho do engenho humano e da busca incessante por precisão e compreensão. Desde as primeiras medições rudimentares na antiguidade até os avanços tecnológicos da era espacial, a geodésia evoluiu continuamente, adaptando-se às novas tecnologias e desafios.

Nos capítulos seguintes, exploraremos como as técnicas e instrumentos geodésicos modernos continuam a evoluir e a moldar nossa compreensão do mundo. Veremos como a geodésia moderna está sendo aplicada para enfrentar desafios globais, desde o monitoramento ambiental até a exploração espacial, e como ela continuará a desempenhar um papel crucial no nosso futuro.

CAPÍTULO 3: A REVOLUÇÃO CIENTÍFICA E A GEODÉSIA

A Revolução Científica, ocorrida entre os séculos XVI e XVIII, trouxe uma transformação fundamental no modo como a humanidade compreendia o mundo. Esta era de descobertas e avanços intelectuais teve um impacto profundo na geodésia, proporcionando novos conhecimentos, métodos e instrumentos que redefiniram a ciência da medição da Terra.

Galileu Galilei (1564-1642), muitas vezes considerado o pai da ciência moderna, fez avanços significativos que influenciaram a geodésia. Sua melhoria do telescópio permitiu observações astronômicas precisas, fundamentais para o desenvolvimento de métodos de medição mais rigorosos. Galileu também introduziu o conceito de inércia, que se tornaria essencial para a mecânica e a física gravitacional.

Representação de Galileu Galilei

Johannes Kepler (1571-1630) formulou as leis do movimento planetário, que descrevem as órbitas elípticas dos planetas ao redor do Sol. Estas leis não só desafiaram a visão geocêntrica do universo, mas também forneceram uma base matemática para a compreensão do movimento celestial, crucial para a geodésia e a astronomia.

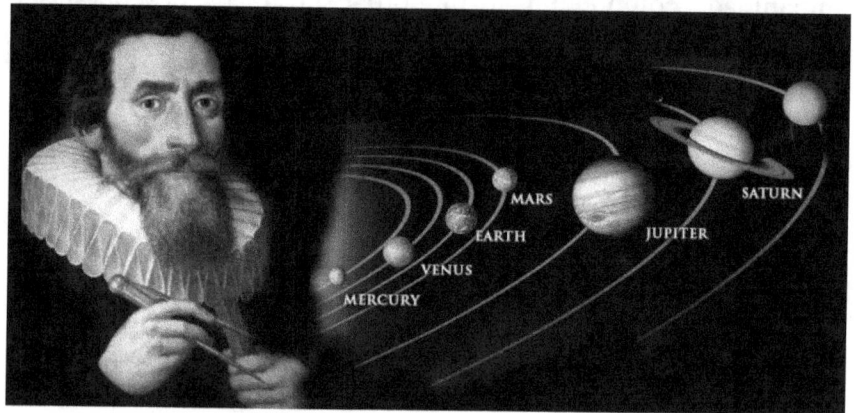

Johannes Kepler

Isaac Newton (1643-1727) revolucionou a ciência com sua obra "Philosophiæ Naturalis Principia Mathematica" (1687), onde formulou as leis da mecânica e a lei da gravitação universal. Newton propôs que a força da gravidade atua em todos os corpos com massa e descreveu a forma da Terra como um elipsoide oblato devido à sua rotação. Esse entendimento foi fundamental para a geodésia, pois explicava a variação da gravidade na superfície terrestre.

> # PHILOSOPHIÆ
> ## NATURALIS
> # PRINCIPIA
> ## MATHEMATICA.
>
> Autore *J S. NEWTON*, *Trin. Coll. Cantab. Soc.* Matheseos Professore *Lucasiano*, & Societatis Regalis Sodali.
>
> ### IMPRIMATUR·
> S. P E P Y S, *Reg. Soc.* P R Æ S E S.
> *Julii* 5. 1686.
>
> *LONDINI,*
>
> Jussu *Societatis Regiæ* ac Typis *Josephi Streater.* Prostat apud plures Bibliopolas. *Anno* MDCLXXXVII.

O livro de Newton: Philosophiæ Naturalis Principia Mathematica

O telescópio, aprimorado por Galileu, foi essencial para as observações astronômicas precisas. Este instrumento permitiu medir a posição de estrelas e planetas com alta precisão, ajudando na determinação da latitude e longitude de pontos na Terra. Observações astronômicas eram cruciais para estabelecer referências geográficas.

O teodolito, inventado no século XVI e aprimorado ao longo dos séculos seguintes, tornou-se um instrumento essencial para a geodésia. Utilizado para medir ângulos horizontais e verticais, o teodolito permitiu a criação de redes de triangulação precisas. Este instrumento facilitou a medição de grandes distâncias e a construção de mapas detalhados.

O quadrante e o sextante foram instrumentos fundamentais para a navegação e a geodésia. O quadrante, usado para medir a altura de astros acima do horizonte, e o sextante, utilizado para determinar a latitude observando a altura do Sol ou de estrelas, permitiram a navegação precisa e a determinação de posições geográficas.

A técnica de triangulação, que envolve a criação de uma rede de triângulos conectados, foi desenvolvida e refinada no século XVIII. Esta técnica permitia medir distâncias e ângulos com alta precisão, facilitando a construção de mapas detalhados e a medição da superfície terrestre. Redes de controle, formadas por pontos de referência interconectados, foram estabelecidas em muitos países, criando uma base sólida para medições geodésicas.

Uma das expedições geodésicas mais notáveis do século XVIII foi realizada por Pierre Bouguer e Charles Marie de La

Condamine. Em 1735, eles lideraram uma expedição ao Equador para medir um arco de meridiano e determinar a forma da Terra. Esta expedição confirmou que a Terra é um elipsoide oblato, achatado nos polos e mais largo no equador.

Carl Friedrich Gauss (1777-1855), um dos maiores matemáticos de todos os tempos, fez contribuições significativas para a geodésia. Ele desenvolveu métodos matemáticos para o ajuste de redes de triangulação, permitindo a correção de erros de medição e a obtenção de resultados mais precisos. Gauss também introduziu o conceito de curvatura na geodésia, que seria fundamental para a compreensão da forma da Terra.

Pierre-Simon Laplace (1749-1827) contribuiu para a teoria do potencial gravitacional, essencial para a geodésia. Sua obra "Mécanique Céleste" (1799-1825) forneceu uma base matemática para a análise do campo gravitacional da Terra e dos movimentos dos corpos celestes. Laplace também desenvolveu métodos para calcular as órbitas de satélites, importantes para a geodésia moderna.

O século XVIII e o início do século XIX viram uma revolução nos instrumentos geodésicos. Além do teodolito, novos instrumentos como o nível de precisão, utilizado para medições de elevação, e o cronômetro marítimo, que permitiu a determinação precisa da longitude, foram desenvolvidos. Estes instrumentos melhoraram significativamente a precisão das medições geodésicas e permitiram a criação de mapas mais detalhados e precisos.

A Revolução Científica também trouxe avanços na cartografia. Os mapas tornaram-se mais precisos e detalhados, graças às técnicas de triangulação e aos novos instrumentos de medição. A criação de mapas topográficos, que representam as elevações e as características do terreno, tornou-se uma prática comum, facilitando a navegação, a engenharia e a administração territorial.

A Revolução Científica marcou um período de transformação fundamental na geodésia. O desenvolvimento de novos conhecimentos, métodos e instrumentos permitiu medições mais precisas e uma compreensão mais profunda da forma e das dimensões da Terra. Estas inovações não só avançaram a ciência da geodésia, mas também tiveram um impacto duradouro em muitas outras áreas do conhecimento humano.

CAPÍTULO 4: A ERA MODERNA DA GEODÉSIA

Com a chegada do século XIX e a contínua evolução tecnológica e científica, a geodésia entrou em uma nova era de precisão e inovação. As técnicas e os instrumentos desenvolvidos durante a Revolução Científica foram aprimorados, e novos métodos surgiram, transformando a maneira como medimos e compreendemos a Terra.

No século XIX, a técnica de triangulação foi amplamente utilizada para criar redes de controle geodésico em diversos países. Estas redes consistiam em pontos interligados por triângulos, onde as distâncias e ângulos eram medidos com alta precisão. Uma das mais notáveis foi a Grande Rede Trigonométrica da Índia, um projeto monumental que se estendeu por várias décadas e estabeleceu uma base precisa para a cartografia e a topografia do subcontinente indiano.

Outro avanço significativo foi o desenvolvimento do nivelamento de precisão, uma técnica utilizada para medir diferenças de elevação entre pontos. Este método envolvia o uso de níveis ópticos e réguas graduadas, permitindo a determinação precisa de altitudes. Esta técnica foi essencial para a construção de infraestrutura como ferrovias, canais e estradas, além de ser fundamental para a criação de mapas topográficos detalhados.

A era moderna viu a introdução de instrumentos geodésicos mais avançados.

No início do século XX, a geodésia expandiu seu foco para incluir medições gravimétricas, que envolvem a determinação do campo gravitacional da Terra. Medidores de gravidade, ou gravímetros, foram desenvolvidos para medir as variações na força gravitacional em diferentes locais. Essas medições são fundamentais para a compreensão da forma da Terra e para a correção de dados geodésicos, especialmente em áreas montanhosas e outras regiões com variações significativas de elevação.

Além do GPS, outros satélites geodésicos foram lançados para monitorar a forma e o campo gravitacional da Terra. Missões como Lageos, GRACE (Gravity Recovery and Climate Experiment) e GOCE (Gravity Field and Steady-State Ocean Circulation Explorer) proporcionaram dados detalhados sobre as variações gravitacionais e as mudanças na massa terrestre e nos oceanos, contribuindo para a pesquisa climática e a geodinâmica.

Medições geodésicas precisas são essenciais para projetos de engenharia e construção. Antes de iniciar a construção de grandes infraestruturas, como pontes, túneis e arranha-céus, é necessário realizar levantamentos geodésicos detalhados para garantir que as estruturas sejam construídas corretamente e de acordo com as especificações. A geodésia também é utilizada no monitoramento de deformações em estruturas, ajudando a detectar problemas potenciais e garantir a segurança.

A geodésia moderna é fundamental para o monitoramento ambiental e a gestão de recursos naturais. Medições precisas da elevação do solo, do nível do mar e das variações gravitacionais permitem monitorar mudanças climáticas, movimentos tectônicos e processos erosivos. Essas informações são vitais para a gestão de desastres naturais, como terremotos e inundações, e para a conservação de ecossistemas.

Esta ciência continua a desempenhar um papel central na pesquisa científica. Dados geodésicos são utilizados em estudos de geodinâmica, oceanografia, climatologia e muitas outras disciplinas. A compreensão precisa da forma e do campo gravitacional da Terra permite investigar processos naturais em escalas globais e regionais, contribuindo para o avanço do conhecimento científico.

Um dos maiores desafios da geodésia moderna é a integração de dados provenientes de diferentes fontes e tecnologias. A combinação de medições terrestres, aéreas e espaciais exige métodos sofisticados de processamento e análise de dados para garantir a precisão e a consistência das informações geodésicas. Desenvolver técnicas de fusão de dados e modelagem é essencial para enfrentar este desafio.

Com o avanço das tecnologias de comunicação e a crescente demanda por informações em tempo real, a geodésia está se adaptando para fornecer dados atualizados constantemente. Sistemas de monitoramento contínuo, como redes de estações GPS permanentes, estão sendo desenvolvidos para rastrear movimentos tectônicos, deformações do solo e outras mudanças geodésicas em tempo real.

A disciplina também está se expandindo além da Terra, com a exploração espacial abrindo novas fronteiras para esta ciência. Medições geodésicas de outros corpos celestes, como a Lua e

Marte, estão sendo realizadas para apoiar missões espaciais e a futura colonização. A geodésia espacial proporciona uma compreensão detalhada da topografia e da gravidade de outros planetas, contribuindo para o planejamento de missões e a exploração do espaço.

A era moderna da geodésia testemunhou avanços extraordinários em tecnologia e conhecimento, transformando a maneira como medimos e compreendemos a Terra. Desde a criação de redes de triangulação precisas até o desenvolvimento do GPS e de satélites geodésicos, a geodésia moderna continua a desempenhar um papel crucial em diversas áreas da ciência e da sociedade.

CAPÍTULO 5: GEODÉSIA ESPACIAL

Com o advento da era espacial no século XX, a ciência da medição da Terra se expandiu para além das fronteiras terrestres. O uso de satélites e outras tecnologias espaciais revolucionou a precisão das observações globais, proporcionando uma compreensão sem precedentes do nosso planeta. Este capítulo explora a evolução da geodésia espacial, suas principais tecnologias e aplicações, e o impacto transformador que teve sobre a nossa compreensão da Terra e além.

O lançamento do satélite Sputnik pela União Soviética em 1957 marcou o início da era espacial. Poucos anos depois, satélites específicos para medições geodésicas começaram a ser desenvolvidos. O Echo 1, um satélite balão lançado em 1960, foi um dos primeiros utilizados para experimentos de triangulação e medição de distâncias. Estes primeiros satélites permitiram o desenvolvimento de métodos inovadores para a medição da forma e do campo gravitacional da Terra.

O primeiro satélite dedicado exclusivamente à geodésia foi o ANNA 1B, lançado pelos Estados Unidos em 1962. Este satélite foi projetado para medir a forma da Terra e ajudar na determinação de coordenadas geográficas. Outros satélites, como o PAGEOS e o GEOS, lançados nas décadas de 1960 e 1970, contribuíram significativamente para a criação de um sistema global de referência geodésica.

A técnica de Laser Ranging (medição por laser) envolve a emissão de pulsos de laser a partir de estações terrestres que são refletidos por retrorefletores em satélites. O tempo que o pulso leva para viajar de volta é medido, permitindo a determinação precisa da distância entre a estação e o satélite. Esta técnica é usada para medir a forma da Terra, os movimentos das placas tectônicas e o campo gravitacional.

A Interferometria de Linha de Base Muito Longa (VLBI) é outra técnica crucial na geodésia espacial. Ela utiliza sinais de rádio emitidos por quasares distantes e os observa simultaneamente em várias estações de rádio telescópios espalhadas pelo mundo. A diferença no tempo de chegada dos sinais permite determinar as distâncias entre as estações com grande precisão, contribuindo para a criação de um sistema de referência terrestre estável.

Satélites de sensoriamento remoto, como os da série Landsat e os satélites da Agência Espacial Europeia (ESA), fornecem imagens detalhadas da superfície terrestre. Estes satélites utilizam diferentes bandas espectrais para monitorar mudanças no uso do solo, desmatamento, urbanização e outras características ambientais. As imagens de satélite são essenciais para a cartografia, o monitoramento ambiental e a gestão de recursos naturais.

Satélites como o GRACE (Gravity Recovery and Climate Experiment) e o GOCE (Gravity Field and Steady-State Ocean Circulation Explorer) foram projetados para medir o campo gravitacional da Terra com alta precisão. Estas medições são essenciais para a compreensão da distribuição de massa no planeta, ajudando a monitorar mudanças no gelo polar, fluxos de água subterrânea e correntes oceânicas.

A geodésia espacial é crucial para o estudo dos movimentos das placas tectônicas. A técnica de GPS é amplamente utilizada para monitorar a deriva continental, a deformação da crosta terrestre e a atividade sísmica. Estas informações são vitais para a previsão de terremotos, a mitigação de desastres naturais e a compreensão da dinâmica da litosfera terrestre.

Satélites de geodésia espacial desempenham um papel importante no monitoramento das mudanças climáticas. Eles fornecem dados sobre a elevação do nível do mar, a cobertura de gelo e neve, e a variação da umidade do solo. Estas informações são fundamentais para a modelagem climática, a gestão de recursos hídricos e a avaliação dos impactos das mudanças climáticas em ecossistemas e comunidades humanas.

A geodésia espacial revolucionou a navegação e o transporte. O GPS e outros sistemas de navegação por satélite são usados em aviação, navegação marítima e transporte terrestre para garantir a precisão na localização e no planejamento de rotas. Aplicativos de navegação, como o Google Maps e o Waze, dependem de dados de GPS para fornecer direções em tempo real e informações sobre o tráfego.

Um dos maiores desafios da geodésia espacial é a integração de grandes volumes de dados provenientes de diferentes fontes e tecnologias. A análise e a fusão de dados de satélites, medições terrestres e sensores remotos exigem métodos avançados de processamento e armazenamento de dados. O uso de técnicas de Big Data e inteligência artificial está se tornando cada vez mais importante para enfrentar este desafio.

A demanda por dados geodésicos em tempo real está crescendo rapidamente. Redes de estações GPS permanentes, que monitoram continuamente os movimentos da crosta terrestre, estão sendo expandidas. Além disso, novos satélites e tecnologias estão sendo desenvolvidos para fornecer dados atualizados constantemente, melhorando a resposta a desastres naturais e a gestão de recursos.

A geodésia espacial está se expandindo para além da Terra, com missões dedicadas à exploração de outros corpos celestes. Medições geodésicas de Marte, da Lua e de outros planetas e luas estão ajudando a preparar futuras missões tripuladas e a compreensão das características geológicas e gravitacionais destes corpos. A geodésia espacial será essencial para a colonização de outros planetas e a exploração do espaço profundo.

Desde os primeiros satélites de medição até as tecnologias avançadas de GPS e sensoriamento remoto, a geodésia espacial proporcionou avanços significativos em precisão e abrangência. Suas aplicações são vastas, abrangendo desde o monitoramento ambiental até a exploração espacial.

CAPÍTULO 6: AGRIMENSURA E SUA RELAÇÃO COM A GEODÉSIA

A agrimensura é uma disciplina fundamental dentro das ciências da Terra que se dedica à medição e mapeamento da superfície terrestre. Esta ciência possui uma longa história e tem evoluído significativamente com o avanço das tecnologias. Neste capítulo, exploraremos o que é agrimensura, suas técnicas e instrumentos, e como ela se relaciona com a geodésia, formando um alicerce para a precisão e a precisão das medições terrestres.

A agrimensura é a ciência e a arte de determinar a posição tridimensional de pontos na superfície da Terra e as distâncias e ângulos entre eles. O objetivo principal é a criação de mapas e a definição precisa de limites de propriedades, o que é essencial para a engenharia civil, a construção, a agricultura, a gestão de recursos naturais e o planejamento urbano.

Desde os tempos antigos, a agrimensura tem desempenhado um papel crucial nas civilizações. Os egípcios antigos usavam técnicas rudimentares de agrimensura para dividir terras ao longo do Nilo, enquanto os romanos desenvolveram métodos mais sofisticados para construir suas cidades e estradas. Durante a Idade Média, a agrimensura continuou a evoluir, com avanços significativos ocorrendo durante a Renascença e a Revolução Científica.

As técnicas clássicas de agrimensura incluem a medição de distâncias, ângulos e elevações. Entre os métodos mais tradicionais, destacam-se a triangulação e a trilateração. A triangulação envolve a criação de uma rede de triângulos medindo os ângulos entre pontos conhecidos, enquanto a trilateração mede as distâncias entre pontos usando fios ou cadeias.

Instrumentos Tradicionais

Entre os instrumentos tradicionais usados na agrimensura, destacam-se:

Como já visto acima, o Teodolito: Instrumento ótico para medir ângulos horizontais e verticais com alta precisão.

Nível de Precisão: Usado para determinar elevações e criar perfis de terreno.

Cadeia de Agrimensor: Um dispositivo de medição de distância, normalmente feito de aço e usado para medir terrenos planos.

Com o avanço da tecnologia, a agrimensura incorporou novos métodos e instrumentos, como:

Estação Total: Um dispositivo eletrônico que combina um teodolito com um medidor de distância eletrônica (EDM), permitindo medições de ângulos e distâncias de forma integrada e precisa.
GPS (Sistema de Posicionamento Global): Utilizado para determinar coordenadas geográficas precisas em qualquer lugar da Terra, essencial para a agrimensura moderna.

Varredura a Laser Terrestre: Um método que utiliza lasers para capturar uma nuvem de pontos tridimensionais, criando modelos digitais de alta resolução do terreno.

A agrimensura e a geodésia são disciplinas interrelacionadas que compartilham muitos objetivos e técnicas. Enquanto a agrimensura se concentra em medições detalhadas e precisas em áreas relativamente pequenas, a geodésia abrange a medição e a modelagem da Terra em uma escala global. Juntas, essas disciplinas garantem a precisão e a consistência das medições terrestres em diferentes escalas.

Os referenciais geodésicos são sistemas de coordenadas usados para definir posições na superfície da Terra. A geodésia estabelece esses sistemas de referência globais, como o WGS84 (World Geodetic System 1984), que são fundamentais para a agrimensura. Sem esses referenciais, seria impossível integrar medições locais de agrimensura em um contexto global.

As medições de agrimensura muitas vezes requerem correções e ajustes baseados em modelos geodésicos. Por exemplo, a curvatura da Terra e as variações gravitacionais podem afetar as medições de longa distância, e esses efeitos são modelados e corrigidos usando dados geodésicos. Além disso, a geodésia fornece informações sobre movimentos tectônicos e deformações da crosta terrestre, que são essenciais para manter a precisão das medições de agrimensura ao longo do tempo.

A agrimensura é essencial para a engenharia civil e a construção. Antes de iniciar qualquer projeto de construção, é necessário realizar levantamentos topográficos para garantir que a obra seja executada de acordo com as especificações. Isso inclui a medição precisa de terrenos, a marcação de limites de propriedades e a criação de mapas detalhados que orientam os engenheiros e construtores.

No planejamento urbano, a agrimensura desempenha um papel crucial na definição de zonas, a criação de mapas cadastrais e a gestão de infraestrutura. Levantamentos detalhados são utilizados para planejar novas estradas, áreas residenciais, comerciais e industriais, garantindo que o desenvolvimento urbano seja eficiente e sustentável.

Na agricultura moderna, a agrimensura é utilizada para implementar técnicas de agricultura de precisão. Isso inclui a criação de mapas detalhados de campos agrícolas, a medição de elevações para melhorar a irrigação e a determinação de limites de propriedades. Essas práticas ajudam a aumentar a produtividade agrícola e a sustentabilidade ambiental.

A gestão de recursos naturais, como florestas, águas e minerais, depende de levantamentos precisos. A agrimensura é utilizada para mapear áreas de exploração, monitorar mudanças ambientais e garantir a utilização sustentável dos recursos. Isso é essencial para a conservação de ecossistemas e a proteção do meio ambiente.

A agrimensura é uma disciplina fundamental que, juntamente com a geodésia, proporciona a base para a medição e a compreensão precisas da superfície terrestre. Embora se concentre em áreas menores e mais detalhadas, a agrimensura depende fortemente dos referenciais e das correções fornecidas pela geodésia para garantir a precisão de suas medições. As duas disciplinas se complementam, utilizando tecnologias compartilhadas e aplicando seus conhecimentos em uma ampla variedade de campos, desde a engenharia civil até a gestão de recursos naturais.

CAPÍTULO 7: TOPOGRAFIA

Etimologicamente, a palavra "topografia" tem origem no grego, onde "topos" significa lugar ou espaço de terreno, enquanto "grafia" refere-se a traçar sinais para escrever ou descrever. A topografia é uma ciência aplicada que se dedica aos princípios e métodos para determinar o contorno, as dimensões e a posição de uma parte limitada da superfície terrestre, sem considerar a curvatura da Terra (como, por exemplo, o fundo do mar ou o interior de minas). Como mencionado anteriormente, a topografia pode ser vista como uma especialização da Geodésia. O trabalho envolve principalmente medidas angulares (ângulos) e lineares (distâncias) realizadas na superfície física (topográfica), a partir das quais são calculadas grandezas geométricas, como alinhamentos, coordenadas, áreas e volumes. Por fim, esses elementos são representados graficamente por meio do desenho técnico topográfico.

Podemos afirmar que a topografia tem como objetivo capturar imagens da superfície terrestre para definir as formas e dimensões dos objetos nela presentes. De forma simplificada, trata-se de descrever com precisão e riqueza de detalhes um local, determinando suas dimensões, elementos existentes, variações altimétricas, acidentes geográficos, etc.

A topografia é essencial para qualquer projeto ou obra realizada por engenheiros ou arquitetos. Exemplos incluem obras viárias, núcleos habitacionais, edifícios, aeroportos, hidrografia, usinas hidrelétricas, telecomunicações, sistemas de água e esgoto, planejamento urbano, paisagismo, irrigação, drenagem, agricultura, reflorestamento, entre outros. Todos esses projetos dependem do terreno sobre o qual são construídos. Portanto, é crucial conhecer detalhadamente esse terreno, tanto na fase de projeto quanto na de construção ou execução. A topografia fornece os métodos e instrumentos necessários para esse conhecimento, garantindo uma correta implantação da obra ou serviço.

No seu campo de atuação, a topografia utiliza regras e princípios matemáticos em seus levantamentos, permitindo a obtenção da representação gráfica de uma porção da superfície terrestre projetada sobre um plano horizontal, com a precisão e detalhes necessários para seu propósito. Essas regras e princípios estabelecem métodos gerais de levantamentos topográficos que relacionam medidas de ângulos e distâncias, com o objetivo de definir a representação pretendida com o rigor exigido.

Entre os diversos métodos topográficos, os das coordenadas retangulares e das irradiações são os mais indicados para o levantamento de detalhes, enquanto os métodos de caminhamento e de intersecções são adequados para o levantamento do conjunto. Dentre todos, o método de triangulação oferece maior precisão e é sempre recomendado para o levantamento do conjunto, devido às vantagens que proporciona na fixação rigorosa das posições dos vários pontos (vértices dos triângulos) dentro da área a ser representada.

A topografia atua em:

> levantamento topográfico do perímetro de área urbana e rural;

> levantamento altimétrico em áreas de interesses;

- cadastramento de imóveis;
- perfis rodoviários e de canais ou rios;
- seções transversais;
- quantitativos de volumes;
- volume de aterros;
- acompanhamento da execução de obras

A importância da topografia pode ser destacada pelo fato de que as obras de Engenharia, Agronomia e Arquitetura são realizadas sobre o terreno, com base em estudos e projetos previamente elaborados, tais como:

Construção civil: casas, prédios, etc.

Urbanismo: plano diretor de desenvolvimento de cidades, regiões metropolitanas, sistemas viários, eletrificação, abastecimento de água, redes telefônicas, escoamento de águas pluviais, novos loteamentos, etc.

Obras de grande porte: barragens, pontes, rodovias, ferrovias, etc.

Agricultura: cadastro de áreas cultivadas, projetos de culturas, drenagens, irrigação, etc.

Silvicultura: florestamento e reflorestamento, dimensionamento de reservas florestais, etc.

A topografia é dividida em várias áreas:

a) Topometria: Trata da medição de distâncias e ângulos para reproduzir as feições do terreno com a maior precisão possível. A topometria se subdivide em:

Planimetria: Determinação dos ângulos e distâncias no plano horizontal, como se a área estudada fosse vista de cima.

Altimetria: Determinação dos ângulos e distâncias verticais, ou seja, as diferenças de nível e os ângulos zenitais, com levantamentos representados sobre um plano vertical, como um corte do terreno.

b) Topologia: Estuda as formas do terreno e as leis que regem seu modelamento, interpretando os dados coletados pela topometria.

c) Taqueometria: Foca no levantamento de pontos de um terreno in loco, permitindo obter rapidamente plantas com curvas de nível que representam no plano horizontal as diferenças de níveis. Essas plantas são conhecidas como planialtimétricas.

d) Fotogrametria: Ciência que permite conhecer o relevo de uma região através de fotografias. Inicialmente, as imagens eram tomadas do solo, mas atualmente são produzidas principalmente a partir de aviões e satélites.

O Plano Topográfico é uma projeção ortogonal de uma parte da superfície terrestre. Nesse plano horizontal, são projetados os limites do terreno e todas as suas particularidades naturais e artificiais.

Vejamos algumas definições e orientações contidas na Norma NBR 13133 que devem ser seguidas em um Levantamento Topográfico, começando pela definição:

O levantamento topográfico é o conjunto de métodos e processos que, por meio de medições de ângulos horizontais e verticais, distâncias horizontais, verticais e inclinadas, com instrumental adequado à exatidão requerida, implanta e materializa pontos de apoio no terreno, determinando suas coordenadas topográficas. Esses pontos de apoio são relacionados aos pontos de detalhes para uma exata representação planimétrica em uma escala predeterminada e uma representação altimétrica por meio de curvas de nível com equidistância também predeterminada e/ou pontos cotados.

O levantamento topográfico expedito é um levantamento exploratório do terreno com a finalidade específica de reconhecimento, sem prevalecerem os critérios de exatidão.

O levantamento topográfico planimétrico (ou levantamento perimétrico) é o levantamento dos limites e confrontações de uma propriedade, determinando seu perímetro, incluindo o alinhamento da via ou logradouro com o qual faz frente, sua orientação e amarração a pontos materializados no terreno de uma rede de referência cadastral ou, na ausência desta, a pontos notáveis e estáveis nas imediações. Quando destinado à identificação dominial do imóvel, são necessários outros elementos complementares, como perícia técnico-judicial e memorial descritivo.

O levantamento topográfico altimétrico (ou nivelamento) tem como objetivo exclusivo determinar as alturas relativas a uma superfície de referência dos pontos de apoio e/ou pontos de detalhes, pressupondo o conhecimento de suas posições planimétricas, visando à representação altimétrica da superfície levantada.

O levantamento topográfico planialtimétrico é o levantamento planimétrico acrescido da determinação altimétrica do relevo do terreno e da drenagem natural. Esse tipo de levantamento pode ser usado para cadastro quando inclui a determinação planimétrica da posição de certos detalhes visíveis ao nível e acima do solo, como limites de vegetação ou culturas, cercas internas, edificações, benfeitorias, posteamentos, barrancos, árvores isoladas, valos, valas, drenagem natural e artificial, entre outros. Esses detalhes devem ser discriminados e relacionados nos editais de licitação, propostas e instrumentos legais entre as partes interessadas na sua execução.

Medir direções, segundo a NBR 13133, significa medir ângulos horizontais com visadas nas duas posições de medição permitidas pelo teodolito (direta e inversa), a partir de uma direção tomada como origem, que ocupa diferentes posições no limbo horizontal do teodolito. As observações de uma direção, nas posições direta e inversa do teodolito, chamam-se leituras conjugadas. Uma série de leituras conjugadas consiste na observação sucessiva das direções a partir da direção-origem, fazendo-se o giro de ida na posição direta da luneta e de volta na posição inversa, ou vice-versa, terminando na última direção e iniciando-se a volta sem fechar o giro. O intervalo medido no limbo horizontal do teodolito entre as posições da direção-origem chama-se intervalo de reiteração.

Para observação de "n" séries de leituras conjugadas pelo método das direções, o intervalo de reiteração deve ser 180°/n. Por exemplo, para três séries de leituras conjugadas, o intervalo de reiteração deve ser 180°/3 = 60°, e a direção-origem deve ocupar, no limbo horizontal do teodolito, posições próximas de 0°, 60° e 120°. Os valores dos ângulos medidos pelo método das direções são as médias aritméticas dos seus valores obtidos nas diversas séries.

O ponto e a linha são exemplos de elementos gráficos primitivos utilizados na topografia para representar uma porção da superfície terrestre por meio de desenhos construídos.

a) Ponto:

Os pontos definem o início e o fim de linhas, bem como os vértices de polígonos. Conhecido como ponto topográfico, sua materialização é feita com piquetes cravados no solo. Ao lado do piquete, é cravada uma estaca testemunha, na qual deve ser escrita a identificação do ponto.

Abaixo, temos a representação do piquete e da estaca testemunha.

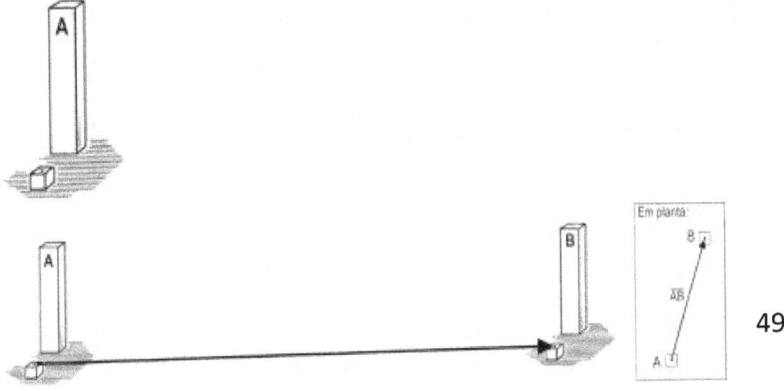

b) Linha:

As linhas conectam pontos topográficos em uma sequência lógica para formar polígonos planos com dimensão e orientação baseadas em um alinhamento conhecido. Esses polígonos são a base para as operações matemáticas da topografia. Na figura acima, os pontos topográficos A e B definem o alinhamento AB, onde a distância d_{AB} é uma das coordenadas desse alinhamento.

O plano é a entidade adotada pela topografia para representar a região medida. Ou seja, essa região ou porção de superfície em estudo é considerada um plano horizontal no qual são projetadas as grandezas de observação, como a distância e o alinhamento entre dois pontos. Com base nesse conceito topográfico, as distâncias são representadas em planta sempre conforme o valor da projeção dos pontos no plano horizontal, já que a planta topográfica é uma projeção horizontal.

Na ilustração abaixo, a distância inclinada d' é a distância entre os pontos que definem o alinhamento AB no terreno, enquanto a distância horizontal ou reduzida d é a distância entre os pontos que definem a projeção horizontal do alinhamento AC. Para fins de representação planimétrica e cálculo de área, as distâncias inclinadas devem ser reduzidas às suas bases horizontais.

Distância horizontal (reduzida) d e distância inclinada d'

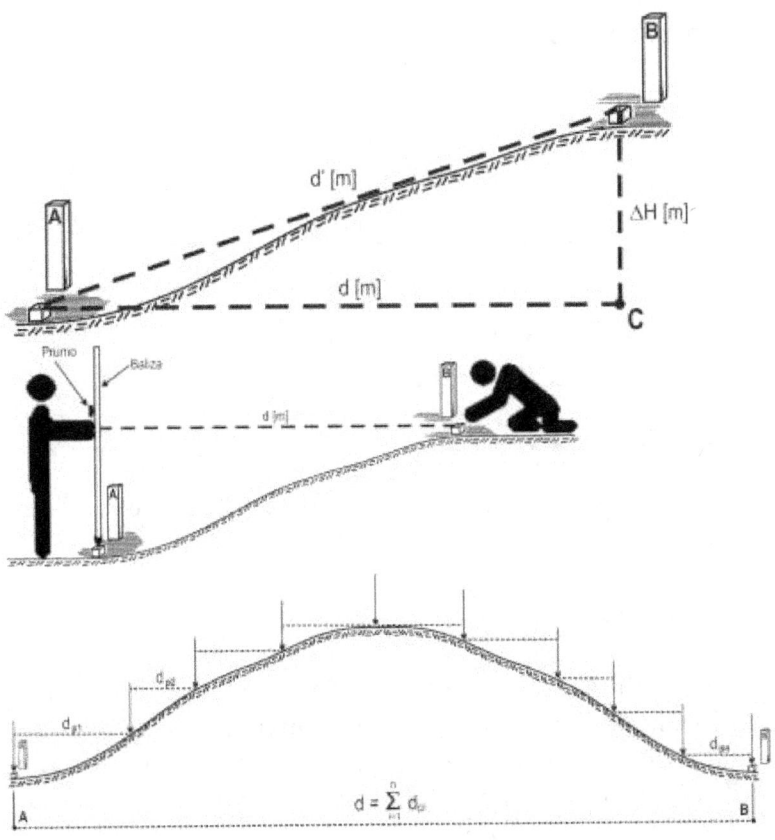

Balizas são utilizadas para prolongar o ponto topográfico ao longo de sua vertical, permitindo que a distância horizontal seja medida com a máxima precisão possível. Para assegurar a verticalidade da baliza durante as medições, utiliza-se um prumo de bolha acoplado ao corpo do instrumento. Veja a seguir a ilustração do emprego de balizas na medição de distâncias horizontais:

Emprego de balizas para a medição de distâncias horizontais

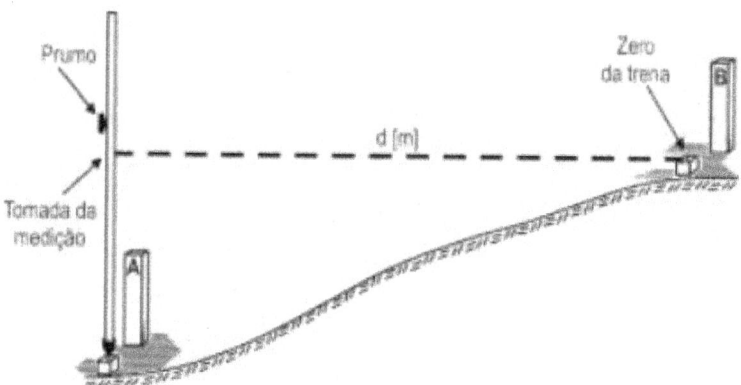

As distâncias podem ser medidas por dois métodos: direto e indireto.

Medição Direta

A medição direta de distâncias ocorre quando a distância é determinada pela comparação com uma grandeza padrão ou unidade retilínea, chamada diastímetro. Dependendo da natureza do diastímetro, a medição dos alinhamentos pode ser classificada em três categorias:

Baixa precisão: Usada em levantamentos expeditos, onde a precisão não é uma exigência rigorosa. Exemplos incluem o passo do homem ou do animal de monta, rodas e câmbios de veículos (odômetro e velocímetro), som e relógio.

Média precisão: Indicada para levantamentos comuns. Exemplos incluem cadeia ou corrente de agrimensor, fitas e trenas de aço, lona ou fibra.

Alta precisão: Designada para levantamentos geodésicos. Um exemplo é o fio de ínvar, que possui um coeficiente de dilatação próximo a zero.

A operação com trena e baliza exige a colaboração de duas pessoas. No piquete mais baixo, é obrigatório o posicionamento de uma baliza para garantir a projeção horizontal. A medição pode ser feita em lance único quando a distância entre os dois pontos é menor que a extensão máxima da trena. Caso contrário, será necessária a medição em vários lances (também chamadas trenadas), ou seja, a distância a ser medida é dividida em segmentos orientados no mesmo alinhamento, que no final deverão ser somados.

Medição Indireta

As distâncias são obtidas indiretamente a partir de grandezas que se relacionam por meio de modelos matemáticos conhecidos, não sendo necessário percorrê-las para compará-las à grandeza padrão.

O processo indireto de medição de distâncias, chamado Taqueometria, utiliza o princípio estadimétrico. Os instrumentos empregados são:

Estádia: Régua ou mira estadimétrica graduada em centímetros.

Taqueômetro: Instrumento para medição ótica de distância, como teodolito e nível.

Goniologia

Em levantamentos topográficos, os ângulos são elementos frequentes e importantes. Por isso, é essencial conhecer:

Goniologia: Parte da topografia que estuda os ângulos.

Goniometria: Estuda os processos, métodos e instrumentos utilizados na avaliação numérica dos ângulos, que podem ser medidos tanto no plano horizontal (ângulo horizontal) quanto no plano vertical (ângulo vertical).

Goniografia: Trata dos processos, métodos e instrumentos utilizados na reprodução geométrica (desenho) dos ângulos determinados em campo, ou seja, o transporte do ângulo para o desenho.

Diedros: Ângulos medidos por meio dos goniômetros.

Goniômetros: Instrumentos utilizados para medir ângulos.

Teodolito é o goniômetro comumente empregado nas operações topográficas.
Os goniômetros podem ser de visada direta ou de luneta. Os de luneta podem ser de luneta direta ou invertida, sendo os de luneta invertida considerados superiores.

Partes principais de um goniômetro:

Limbo: Parte que mede ângulos grosseiros e pode ser horizontal ou vertical. É um círculo graduado onde se fazem as leituras dos ângulos horizontais e verticais, sendo a parte especializada dos teodolitos.

Escala micrométrica (micrômetro): Escala mais precisa que visualiza minutos e segundos (sensores eletrônicos).

Alidade: Parte móvel do goniômetro.

Base: Parte fixa do aparelho.

Os limbos podem ser classificados quanto ao sistema de graduação:

Centesimal: Quando o limbo é dividido em 400 unidades (grados).

Sexagesimal: Quando o limbo é dividido em 360 unidades (graus, minutos e segundos).

Também podem ser classificados quanto ao sentido de graduação:

Dextrógiro: Mede ângulos no sentido horário (teodolito).

Levógiro: Mede ângulos no sentido anti-horário (bússola).

Conjugado: Mede ângulos em ambos os sentidos.

Quadrantes: Mede ângulos por quadrantes de 90°.

Técnicas de Levantamento Planimétrico

A poligonação é um dos métodos utilizados para determinar as coordenadas de pontos em topografia, especialmente para a definição de pontos de apoio planimétricos. Uma poligonal consiste em uma série de linhas consecutivas cujos comprimentos e direções são conhecidos, obtidos por meio de medições em campo.

O levantamento de uma poligonal é realizado pelo método de caminhamento, que envolve percorrer o contorno de um itinerário definido por uma série de pontos, medindo todos os ângulos, lados e uma orientação inicial. Com base nesses dados e em uma coordenada de partida, é possível calcular as coordenadas de todos os pontos.

Abaixo, temos a ilustração de uma poligonal:

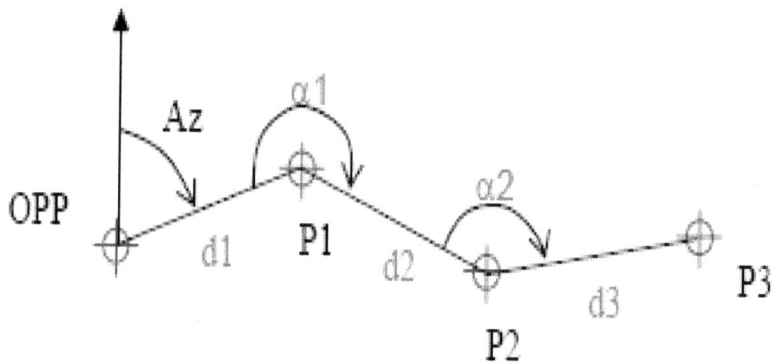

Método por Irradiação

O Método por Irradiação é utilizado para levantamento de pequenas áreas ou como método auxiliar à poligonação. Ele consiste em escolher um ponto conveniente para instalar o aparelho, que pode estar dentro ou fora do perímetro, e registrar os azimutes e distâncias entre a estação do teodolito e cada ponto visado.

Este método é simples, rápido e fácil de usar, além de poder ser associado a outros métodos, como o do caminhamento, para complementar o levantamento. No entanto, a precisão do método depende dos cuidados do operador, já que não há controle dos erros que possam ocorrer.

Devido a esses potenciais erros, é aconselhável que o operador não abandone imediatamente o ponto de origem antes de verificar se todos os dados necessários foram coletados. A conferência pode ser feita somando os ângulos em torno do ponto de origem, que deve totalizar 360°.
Se houver lados curvos ao longo da poligonal, será necessário fazer um maior número de irradiações para garantir um bom delineamento das curvas.

Classificação das Poligonais pela NBR 13133 (ABNT, 1994)

Poligonal Principal: Determina os pontos de apoio topográfico de primeira ordem.

Poligonal Secundária: Apoiada nos vértices da poligonal principal, determina os pontos de apoio topográfico de segunda ordem.

Poligonal Auxiliar: Baseada nos pontos de apoio topográfico planimétrico, tem seus vértices distribuídos na área ou faixa a ser levantada. Permite coletar, direta ou indiretamente, por irradiação, interseção ou ordenadas sobre uma linha de base, os pontos de detalhes importantes estabelecidos pela escala ou nível de detalhamento do levantamento.

Método por Intersecção

No Método por Intersecção, as medidas de dois pontos (duas estações) são intersectadas. Primeiramente, da estação A (base), visam-se os vértices do polígono e leem-se os azimutes de cada um. Em seguida, o teodolito é transportado para uma segunda estação B, de onde se leem os pontos já visados por A, medindo-se as deflexões.

Para maior exatidão, escolhe-se uma base que pode ser um dos lados do polígono ou um ponto no interior do mesmo. A exatidão do processo depende da escolha da base. Este método é ideal quando alguns vértices do polígono são inacessíveis e apresenta a vantagem da rapidez das operações, mas exige que o polígono esteja livre de obstáculos.

Pode ser empregado como levantamento único para uma área ou como auxiliar no caminhamento, desde que as áreas sejam relativamente pequenas. Como o método de irradiação, não há possibilidade de controle de erro.

Método por Caminhamento

O Método por Caminhamento consiste na medição dos lados sucessivos de uma poligonal e na determinação dos ângulos que esses lados formam entre si, percorrendo a poligonal, ou seja, caminhando sobre ela. Este método é trabalhoso, mas de grande precisão, adaptando-se a qualquer tipo e extensão de área. É amplamente utilizado em áreas relativamente grandes e acidentadas. Associam-se ao caminhamento os métodos de irradiação e intersecção como auxiliares.

O Caminhamento ainda se divide em:

Aberto ou Tenso: Quando constituído de uma linha poligonal apoiada sobre dois pontos distintos e denominados (um, o ponto de origem e o outro, o ponto de fechamento).

fechado – quando constituído de um polígono que se apoia sobre um único ponto, o ponto de origem, com o qual se confunde o ponto de fechamento.

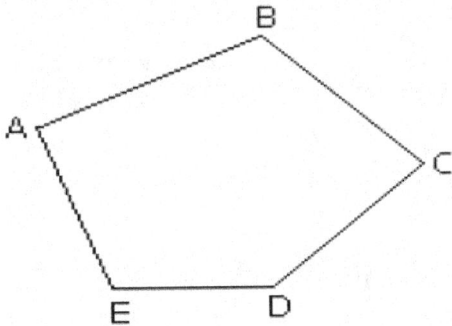

Levantamento por Caminhamento

No levantamento por caminhamento, as distâncias geralmente são obtidas de forma indireta, através da estadimetria. Apenas quando as distâncias são pequenas utiliza-se a trena para medi-las diretamente. Os ângulos horizontais podem ser determinados de duas maneiras: pelas deflexões, que permitem calcular os azimutes (o método mais comum), ou pelos ângulos internos dos vértices do polígono.

Após a coleta dos dados no campo, é possível identificar e corrigir erros acidentais tanto nos ângulos quanto nas distâncias, comparando-os com os chamados limites de tolerância, que são os erros máximos permissíveis.

O estudo de metodologias que atendam às especificações da Norma Técnica do INCRA para o georreferenciamento de imóveis rurais é de grande importância nas discussões acadêmicas. Isso se deve ao fato de que a utilização de métodos de posicionamento global no levantamento de imóveis rurais tem encontrado grande apoio nas técnicas convencionais de levantamento. Quando há uma combinação entre métodos de levantamento, é necessária a redução geométrica das distâncias ao plano topográfico (KAHMEN; FAIG, 1988 apud SILVA; AZEVEDO; SEIXAS, 2006).

Métodos de Levantamento

Poligonação: Muito utilizada no georreferenciamento de imóveis rurais, especialmente nas fases de levantamento do perímetro e desenvolvimento da poligonal de apoio à demarcação. A compensação das distâncias e dos ângulos é aceita pelo INCRA de acordo com as informações de fechamento da poligonal. Para observações ajustadas pelo Método dos Mínimos Quadrados

(MMQ), é importante haver uma abundância de observações para um ajustamento preciso (SILVA; AZEVEDO; SEIXAS, 2006).

Método Polar (Irradiamento Simples): O mais utilizado pelos profissionais para levantamento de detalhes (pontos-objetos), principalmente para determinar as coordenadas dos vértices que definem os limites de propriedade, com precisão de 50 cm em relação ao seu vizinho.

Interseção a Vante: Deve ser empregado conforme a norma técnica do INCRA (2003) para a realização de poligonais por taqueometria, onde cada ponto é visado a partir de duas estações distintas. Este método proporciona melhores resultados na determinação dos limites da propriedade e é importante para o uso do MMQ no ajustamento das observações.

Interseção a Ré (Resseção): Raramente empregado para determinar as coordenadas dos vértices da propriedade devido a obstáculos como cercas ou muros nos limites. No entanto, pode ser utilizado para a densificação de estruturas geodésicas (campo de pontos de referência). O profissional deve considerar a configuração geométrica das estações para possibilitar o ajustamento das observações com este método.

CAPITULO 8: GEOPROCESSAMENTO E SUAS APLICAÇÕES

Iluminação pública utilizando luminárias de alto rendimento

De acordo com a Agência Nacional de Energia Elétrica (ANEEL, 2010), a iluminação pública é um serviço cujo objetivo é fornecer claridade aos espaços públicos, de forma periódica, contínua ou eventual.

Dois conceitos básicos e importantes merecem destaque, pois serão justificadamente abordados mais adiante:

1) Iluminância (lux): Refere-se à relação entre o fluxo luminoso que incide sobre uma superfície e a área dessa superfície. Luminância (cd/m^2): Representa a intensidade luminosa que emana de uma superfície.

2) Temperatura de cor: Expressa a aparência de cor da luz emitida. Índice de reprodução de cores: Mede a correspondência entre a cor real de um objeto e sua aparência sob uma determinada fonte de luz.

Alguns podem se perguntar qual é a relação entre a iluminação pública e o geoprocessamento. A resposta é bastante simples: por meio de um sistema de geoprocessamento, especificamente o georreferenciamento, é possível realizar levantamentos em campo utilizando GPS, coletando diversos dados e informações que facilitam a gestão da iluminação pública. Isso contribui para a redução de desgastes, aumenta a eficiência da iluminação e, em última análise, ajuda a reduzir os custos desse setor, que atualmente enfrenta inúmeros desafios.

Embora existam dificuldades na implementação de projetos de iluminação pública, como a distância entre postes, que muitas vezes não é planejada para suportar a rede de distribuição de energia, o uso de um sistema de georreferenciamento oferece várias vantagens, entre elas:

- Levantamento do parque de iluminação pública existente;
- Facilidade na localização de pontos com defeito;
- Registro do histórico de intervenções e vinculação de materiais aplicados a cada ponto luminoso.

Schueda (2011) destaca que muitos municípios ainda não possuem um levantamento completo de seu parque de iluminação pública ou contam com um cadastro desatualizado. Isso gera dificuldades na obtenção dos materiais necessários para a manutenção e complica o levantamento de carga de iluminação pública pela concessionária de energia, essencial para calcular o consumo de energia.

Por esse motivo, para um bom gerenciamento da iluminação pública, é necessário realizar um levantamento em campo de todos os pontos existentes, cadastrando as coordenadas georreferenciadas de cada ponto de iluminação. Esses dados devem ser inseridos em um sistema que permita a descrição completa de todas as informações relativas a cada ponto luminoso.

O mesmo autor, em seus estudos, apontou que a utilização de um sistema georreferenciado de iluminação pública permite a vinculação de materiais ao ponto luminoso. Pode-se gerar um código de barras para o material que sai do almoxarifado e, durante a execução da ordem de serviço em campo, o eletricista deve registrar, seja por meio de PDAs, notebooks ou ordens de serviço impressas, o código de barras do material aplicado a esse ponto. Isso dificulta eventuais desvios de materiais, além de possibilitar o controle da vida útil dos componentes, a verificação da durabilidade conforme a marca do equipamento e a detecção de defeitos em um lote específico de componentes.

Aplicação no licenciamento ambiental

O licenciamento ambiental é um campo onde as ferramentas de geoprocessamento têm demonstrado grande aplicabilidade, como evidenciam os trabalhos de Veslaques et al. (2002) e Corrêa et al. (2013). O uso do sensoriamento remoto, por exemplo, já está consolidado na gestão territorial e ambiental, sendo uma ferramenta especialmente eficaz na gestão pública. Ele é utilizado tanto no planejamento do desenvolvimento territorial quanto no delineamento e execução de políticas públicas, possibilitando um amplo aproveitamento na gestão dos recursos naturais (SILVA; ALTIMARE; LIMA, 2006; ALMEIDA, A. C., 2010; MENKE, et al., 2009).

Quando aplicadas à gestão do uso e ocupação do solo e dos recursos naturais, as ferramentas de sensoriamento remoto podem agregar agilidade e qualidade às ações, especialmente na fiscalização e no licenciamento ambiental. Este último, instituído pela Política Nacional de Meio Ambiente, confere ao Estado a responsabilidade de proteger e gerir adequadamente os recursos naturais, bem como controlar atividades potencialmente prejudiciais ao meio ambiente (BRASIL, 1981).

O sensoriamento remoto tem sido utilizado com sucesso no mapeamento de áreas florestais. Diferentes fitofisionomias apresentam variados índices de reflectância foliar, que dependem de fatores como as espécies presentes, a taxa de clorofila, a disposição dos cloroplastos e vacúolos, a quantidade de água nas folhas e a densidade da copa. Com amostras dessas informações, é possível, utilizando softwares apropriados, buscar em imagens de satélite áreas com espectros semelhantes (COOPS et al., 2001; CHEN et al., 2007 apud CORREA et al., 2013).

Dessa forma, pode-se determinar a distribuição de um ecossistema com base na flora característica, permitindo ainda a construção de modelos computacionais de predição probabilística, monitoramento de alterações faciais e controle de mudanças.

Corrêa et al. (2013) escolheram um manguezal para mapeamento, quantificação e monitoramento, justificando que esse ecossistema está sob crescente pressão devido a atividades humanas. A degradação dessas áreas é intensa, com uma perda anual de 1% a 2%, principalmente devido à ocupação urbana, poluição e instalação de empreendimentos, especialmente de aquicultura.

Para realizar esse trabalho, os autores utilizaram imagens multiespectrais da constelação de satélites RapidEye, que são georreferenciadas e ortorretificadas. Essas imagens, com resolução de 5 metros e 12 bits, são compostas por cinco bandas, incluindo infravermelho próximo (0,76 a 0,90 micrômetros) e red edge (0,69 a 0,73 micrômetros), além do espectro visível. As imagens cobriram toda a costa de Sergipe, abrangendo uma área de 502.200 hectares.

No processamento das imagens, foi utilizado o programa ERDAS Imagine Professional, que segue o princípio da modelagem ecológica. Nesse processo, a informação vinculada a cada pixel da imagem serve como amostra para identificar áreas com informações similares. Coordenadas geográficas de áreas de manguezal foram coletadas em campo para servir como banco de amostras, determinando a assinatura imagética desse ecossistema. O valor de reflectância das áreas foi a informação vinculada à imagem.

No programa, com a ferramenta Model Maker, todas as áreas sem biomassa vegetal foram removidas das imagens usando o Índice de Vegetação por Diferença Normalizada (NDVI). A classificação das imagens foi feita utilizando a ferramenta de classificação supervisionada, com base nas assinaturas criadas a partir das coordenadas coletadas em campo para identificar as áreas de manguezal. Essa classificação resultou em um modelo da distribuição dos manguezais no Estado.

Os autores concluíram que o diagnóstico da extensão e distribuição dos remanescentes de manguezal em Sergipe pode ser usado como uma ferramenta no monitoramento ambiental do ecossistema, bem como no planejamento e gestão do uso e ocupação do solo, direcionando as atividades de desenvolvimento humano para áreas onde não causem impactos negativos ao meio ambiente.

A implementação de um sistema automatizado de monitoramento ambiental representa um grande avanço na gestão dos ecossistemas, proporcionando informações sobre avanços e supressões em áreas de manguezal e permitindo uma atuação mais eficaz dos órgãos licenciadores na fiscalização e preservação dessas áreas (CORREA et al., 2013).

Aplicação para gestão de vias públicas

O parágrafo 2º do artigo 95 do Código de Trânsito Brasileiro (Lei nº 9.503/97) estabelece que nenhuma obra ou evento que possa perturbar ou interromper a livre circulação de veículos e pedestres, ou colocar em risco sua segurança, pode ser iniciada sem a permissão prévia do órgão responsável pela via.

Atender às demandas da população por circulação no perímetro urbano é um dos grandes desafios enfrentados por administradores e planejadores municipais. Com o aumento progressivo do número de pessoas em circulação e, consequentemente, da demanda por vias públicas, é crucial que os governantes e planejadores tomem decisões mais eficazes, tanto no aspecto operacional quanto financeiro.

Santos (2004) destaca que os objetivos, muitas vezes conflitantes, de reduzir custos e melhorar a qualidade dos serviços prestados exigem níveis crescentes de capacitação dos técnicos em transportes e trânsito, além de melhores ferramentas para auxiliar o processo de planejamento. Essa necessidade de atualização das ferramentas utilizadas por tomadores de decisão nas áreas de planejamento urbano e de transportes tem levado a uma crescente demanda por Sistemas de Informação Geográfica (SIG).

A geração de informações corretas e confiáveis é essencial para uma gestão estratégica e eficiente, tanto em organizações públicas quanto privadas. No setor público, isso permite um maior controle dos gastos e a otimização dos recursos, resultando em mais satisfação e rapidez no atendimento ao público.

Nesse contexto, o geoprocessamento tem se mostrado uma ferramenta valiosa para otimizar as ações das empresas. Utilizando técnicas que envolvem a localização espacial e o processamento de dados, o geoprocessamento abstrai as variáveis estratégicas do mundo real e as analisa dentro de um espaço predefinido (SANTOS, 2004).

A pesquisadora sugeriu a aplicação do geoprocessamento na gestão de transporte e trânsito em um município de Minas Gerais, especificamente na área central de Itabira (MG). Ela justifica essa aplicação citando Viviani et al. (1994) e Silva (2001), que afirmam que o SIG tem sido amplamente utilizado na Engenharia de Transportes, sendo conhecido como SIG-T. O campo de aplicação dos SIG-T é vasto, abrangendo desde o planejamento até as operações de transporte. Algumas das diversas aplicações do SIG em transportes incluem o projeto geométrico de vias, monitoramento e controle de tráfego, análise da oferta e demanda de transportes, prevenção de acidentes, otimização de rotas e controle de operações rodoviárias.

As principais vantagens de usar SIGs em conjunto com modelos de transportes são:

Integridade dos dados: Quando integrado aos modelos, o SIG proporciona maior transparência dos aspectos físicos dos dados para o usuário;

Simplificação de operações: Operações pré-incorporadas ao SIG eliminam ou simplificam tarefas que normalmente seriam realizadas manualmente ou em módulos computacionais isolados e pouco integrados;
Facilidade de edição e representação gráfica;
Tratamento topológico: Facilita as operações de edição da base geográfica;

Redução de custos no armazenamento e edição;

Análises avançadas: Possibilita a realização de análises e representações que antes eram praticamente inviáveis nos processos tradicionais, como a identificação de caminhos mínimos entre pares de zonas de origem e destino, entre outras (KAGAN et al., 1992).

Bravo e Cerdá (1995) ressaltam que o SIG não é um "fim" em si mesmo, mas um "meio" — uma ferramenta de análise e otimização de processos. A eficácia do sistema depende tanto de suas características e potencialidades quanto da capacidade dos operadores ou especialistas que o utilizam. É fundamental que haja uma organização de pessoas, instalações e equipamentos dedicados à implantação de um SIG, com objetivos claros e os recursos necessários para alcançá-los.

O trabalho de Santos (2004), demonstrou que o SIG permite a execução de projetos de interdição, auxiliando na elaboração de planos em tempo hábil para a interdição de vias públicas urbanas. Isso otimiza a tomada de decisões sobre mudanças de itinerário e facilita a escolha de locais para eventos, minimizando os transtornos ao trânsito local. O sistema fornece informações detalhadas sobre o local do evento, sentido do tráfego, largura e declividade da via, itinerários de coletivos, pontos de parada, tipo de sinalização e nomes dos logradouros.

CAPITULO 9: CARTOGRAFIA TEMÁTICA

Enquanto a Cartografia sistemática ou topográfica tradicional aborda a criação de produtos cartográficos de forma geométrica e descritiva, a Cartografia temática oferece uma solução analítica ou explicativa, como veremos a seguir.

De maneira simplificada, podemos dizer que a Cartografia temática se preocupa com o planejamento, a execução e a impressão final (ou plotagem) de mapas temáticos, que são aqueles dedicados à representação de um tema principal. Para alcançar um bom resultado em um mapa temático, é necessário seguir certos preceitos. Como esses mapas se baseiam em mapas preexistentes, é fundamental ter um conhecimento preciso das características da base de origem (FITZ, 2008).

Mapas Temáticos

Os mapas temáticos geralmente utilizam outros mapas como base, com o objetivo principal de fornecer uma representação dos fenômenos presentes na superfície terrestre, utilizando uma simbologia específica. Qualquer mapa que apresente informações além da simples representação de uma área pode ser classificado como temático, mas deve incluir certos elementos fundamentais para garantir a compreensão pelo usuário. Esses elementos são:

1. Título do mapa: Deve ser destacado, preciso e conciso.
2. Convenções utilizadas.
3. Base de origem: Mapa-base, dados, etc.
4. Referências: Autoria, data de confecção, fontes, etc.

5. Indicação da direção norte: Necessária caso não haja um sistema de coordenadas geográficas ou plano-retangulares.
6. Escala.
7. Sistema de projeção utilizado.
8. Sistema(s) de coordenadas utilizado(s): Podem ser gradeados (gratículas) ou quadrículas.

Segundo Fitz (2008), a confecção ou construção de um mapa deve considerar, obrigatoriamente, as seis primeiras características listadas, sob risco de comprometer a qualidade do trabalho. Outras recomendações do autor incluem:

Sempre que possível, incluir os sistemas de projeção e de coordenadas para validar cientificamente as informações contidas no mapa.

Quando o mapa possuir um sistema de coordenadas representado por quadrículas ou gratículas, a indicação da direção norte torna-se opcional.

Em mapas digitais, todas as informações listadas são indispensáveis, pois sua ausência impede o uso das técnicas de geoprocessamento, que visam o armazenamento, processamento e análise de dados georreferenciados, ou seja, informações espacialmente localizadas. Para isso, é necessário dispor de mapas altamente qualificados.

Os mapas temáticos precisam apresentar certas características básicas para que sejam facilmente compreendidos por qualquer usuário. Para fazer uma leitura correta dos detalhes e vinculá-los à realidade, é necessário usar a imaginação, lembrando que as cartas são representações do terreno, elaboradas para apresentar suas características da forma mais fiel possível.

Gratículas e Quadrículas

Gratículas: Conjuntos de linhas que se cruzam perpendicularmente, formando trapézios esféricos.

Quadrículas: Pares de linhas paralelas que se cruzam em ângulos retos, formando quadrados ou retângulos.

Representação de Dados em Mapas Temáticos

Os dados a serem representados têm características específicas que devem ser tratadas com cuidado. Para que um mapa traduza exatamente o que se deseja, é imprescindível o uso preciso de determinadas variáveis visuais, como:

Tamanho dos elementos: Deve haver uma proporção adequada à escala do mapa e ao tamanho final do produto impresso.

Tonalidades e hachuras: Métodos de representação que utilizam traços paralelos ou cores para dar ideia de densidade ou estrutura de relevo. Mapas com informações quantitativas devem utilizar variações de tonalidade ou hachuras para diferenciar valores.

Formas de Representação

Para uma representação precisa e objetiva, é essencial utilizar diferentes formas de representação, como:

Forma linear: Para informações que requerem um traçado característico, como estradas e rios. A linha desenhada muitas vezes não corresponde à largura real do tema.

Forma pontual: Para informações que podem ser representadas por pontos ou figuras geométricas, como cidades ou indústrias.

Forma zonal: Para informações que ocupam uma determinada área, representadas por polígonos, como vegetação, solos, clima, etc.

Princípios Fundamentais para Mapas Cartográficos

1. Cada fenômeno deve ser representado por uma simbologia específica.

2. Para informações qualitativas, os símbolos devem variar em forma.

Esses princípios garantem que os temas apresentados em um mapa cartográfico sejam claros, objetivos e precisos, facilitando a compreensão e análise pelo usuário.

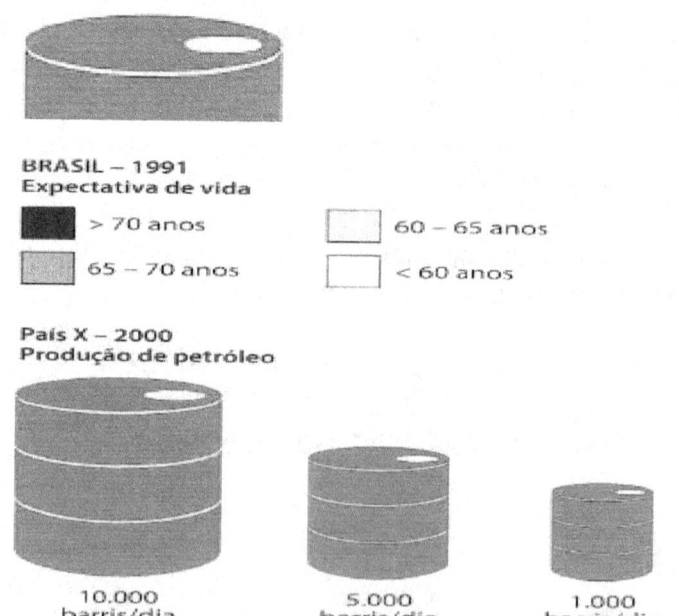

Informações qualitativas e qualitativas

2º) Os cursos d'água são representados em azul, utilizando a nomenclatura mais comum. Rios de maior porte, sempre que possível, são desenhados com uma largura compatível à sua dimensão real, enquanto nascentes são indicadas por linhas tracejadas.

3º) A cobertura vegetal e as plantações são geralmente representadas em tons de verde, com diferentes tonalidades para distinguir os diversos tipos de vegetação e uso da terra. Vale ressaltar que essa cobertura pode apresentar modificações devido às transformações ocorridas na área desde a elaboração do mapa.

4º) Cidades e vilas com áreas urbanas significativas, dependendo da escala do mapa, podem ser mostradas com uma simplificação dos arruamentos, geralmente em coloração rósea. À medida que a escala do mapa aumenta, o detalhamento (ruas, avenidas, quarteirões, etc.) torna-se mais apurado.

5º) Pequenos quadrados pretos podem representar construções existentes. Igrejas e escolas frequentemente têm ícones específicos, e construções como usinas, cemitérios, fábricas, entre outras, podem ser identificadas de forma mais clara com uma anotação específica ao lado, facilitando sua localização.

Nos mapas, também são incluídos topônimos de lugares conhecidos, tanto em nível geral quanto para a população local, como nomes de rios, morros, vilas, etc. Alguns mapas temáticos podem oferecer maior detalhamento, dependendo da base utilizada. Por exemplo, alguns mapas apresentam isoípsas, ou curvas de nível, como linhas na cor sépia (marrom-claro), com numeração aparente, geralmente a cada 100 metros. Pontos cotados também podem ser indicados com seu valor e um "X" ao lado, em preto para localização exata ou em sépia quando obtidos por interpolação. Um triângulo com um ponto central indica a localização de um marco geodésico ou topográfico. Linhas tracejadas com pontos entre os traços representam linhas de transmissão de energia (alta/baixa tensão), enquanto linhas tracejadas com um "x" entre os traços representam cercas.

Todo mapa confiável deve incluir as convenções utilizadas e suas explicações, geralmente apresentadas em uma legenda localizada em um canto do mapa, emoldurada e com o título "legenda" ou "convenções". A legenda é o quadro que lista as convenções utilizadas (FITZ, 2008).

Outra consideração importante é a fonte das informações e suas referências. A qualidade das informações de um mapa temático depende diretamente do mapa-base utilizado e da credibilidade dos dados representados. A autoria, a data de confecção, a base dos dados, e qualquer outra informação relevante devem estar claramente indicadas no rodapé do mapa. Sem essas informações, um mapa perde sua qualificação técnica e acadêmica, limitando seu uso a finalidades menos rigorosas.

Não podemos esquecer a importância do sistema de projeção e da escala. Para garantir a qualidade do produto final, esses aspectos devem ser cuidadosamente considerados. Quando se busca maior precisão, é fundamental incluir, além dos itens mencionados, a escala e o sistema de projeção utilizados, que devem ser claramente indicados.

Se um mapa for apresentado sem essas características, deve conter uma observação como: "Mapa ilustrativo, desprovido de rigor geométrico" (FITZ, 2008, p. 54).

Atualmente, a geração de mapas em meio digital é a forma mais comum de confecção. No entanto, as facilidades oferecidas pela informática também trazem desafios, que podem ser exacerbados se as informações forem manipuladas sem o devido cuidado ou por profissionais não qualificados. "Ajustes" realizados em um mapa para adaptá-lo a determinado trabalho podem causar danos irreparáveis ao material. Por exemplo, o "esticamento" de um mapa pode alterar tanto o sistema de projeção quanto a escala original. Em alguns casos, é possível reduzir a escala em relação ao mapa original, mas aumentá-la compromete a confiabilidade do trabalho desenvolvido.

A Questão da Dimensão

A representação de dados cartográficos é caracterizada por sua distribuição espacial, e essas informações podem ser classificadas em diferentes dimensões, conforme descrito a seguir:

Adimensionais (0-D): Refere-se a dados que não possuem uma estrutura definida, como um dado meteorológico localizado em um ponto de coordenadas conhecidas.

Unidimensionais (1-D): Envolve dados que possuem apenas uma dimensão definida, como uma rodovia, que é representada por uma sequência de pontos com coordenadas conhecidas.

Bidimensionais (2-D): Refere-se a dados com duas dimensões definidas (x, y), como a área de uma bacia hidrográfica, onde cada ponto na superfície possui coordenadas específicas.

Tridimensionais (3-D): Inclui dados com três dimensões, como a representação altimétrica de uma área, onde, além das coordenadas planas (x, y), é adicionada uma coordenada "z" que representa a altura.

Altimetria

Embora tenhamos falado sobre levantamento planimétrico, a Altimetria também é uma consideração crucial quando se trata de mapas. O uso de curvas de nível ou cores hipsométricas para indicar altitudes é altamente recomendado.

As curvas de nível, ou isoípsas, podem ser definidas como linhas imaginárias em uma área específica que conectam pontos de igual altitude. Essas linhas são usadas para representar graficamente e matematicamente o comportamento do terreno em um mapa.

De forma simplificada, as curvas de nível podem ser visualizadas como seções (fatias) de um relevo, mantidas a uma distância constante entre si.

A seguir, temos uma representação genérica do processo de conversão de uma representação tridimensional, com secionamento constante do terreno, para uma representação bidimensional por meio do desenho das respectivas curvas de nível.

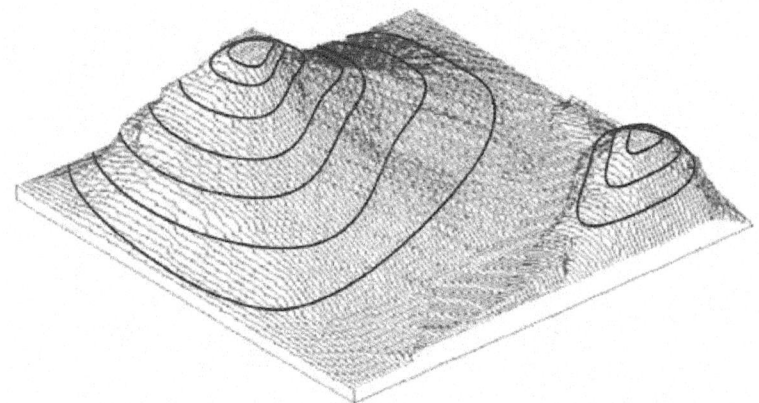

Representação tridimensional do terreno

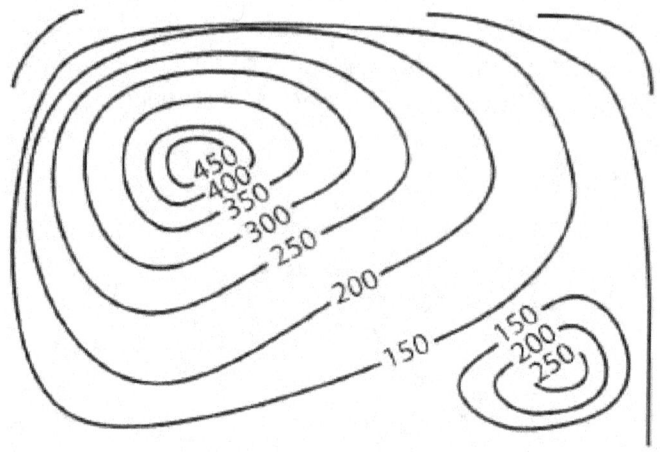

Representação das curvas de nível (isoípsas)

Mapas Temáticos

Como vimos anteriormente, os mapas temáticos dependem de outros mapas como base para sua criação. Qualquer mapa que ofereça informações além da simples representação da área analisada pode ser considerado temático.

Fitz (2008) destaca que a qualidade do produto final é um reflexo direto dos processos realizados ao longo de sua construção. A confecção e a qualidade dos mapas técnicos estão diretamente relacionadas à origem dos dados obtidos. Dessa forma, a qualidade de um mapa de solos, geológico ou geomorfológico, por exemplo, está intimamente ligada aos trabalhos realizados desde os primeiros levantamentos de campo até sua elaboração final. Nesse contexto, é importante relembrar todas as características que um mapa temático deve possuir.

Agora, vamos examinar alguns exemplos de mapas temáticos e as técnicas básicas para sua criação, lembrando que alguns deles podem não incluir todos os elementos discutidos anteriormente.

a) *Mapas Zonais*

Mapas zonais são utilizados para apresentar áreas previamente delimitadas, com base em levantamentos de dados. Eles são construídos a partir de mapas existentes, como, por exemplo, divisões políticas de um estado, e são usados para criar mapas de regionalização, concentração populacional, nível socioeconômico, entre outros.

Passos para sua execução:

1. Escolher o mapa-base mais adequado para sobrepor os dados que formarão o mapa temático.
2. Selecionar o padrão de cores, hachuras ou simbologia que melhor se adaptem ao mapa.
3. Definir as convenções a serem usadas.
4. Inserir os dados nas áreas previamente determinadas.

b) *Mapas de Pontos*

Mapas de pontos são usados para representar visualmente quantidades de determinados elementos de maneira clara e agradável. Eles destacam detalhes de localização com maior precisão, permitindo uma visão geral da concentração ou densidade relativa dos dados por meio dos pontos representados.

Ao criar mapas de pontos, é importante considerar a quantidade de pontos a serem representados. Embora muitos pontos possam aumentar a precisão, eles também podem dificultar a compreensão do mapa devido ao excesso de informações.

Técnica de execução:

1. Atribuir um valor a cada ponto a ser representado, como, por exemplo, 1 ponto = 100 habitantes.
2. Calcular o número de pontos a serem desenhados, dividindo o valor total da área pelo valor atribuído a cada ponto.
3. Posicionar os pontos nos locais determinados.

Abaixo, temos um exemplo de mapa de pontos de uma localidade fictícia, indicando a concentração populacional ao longo de uma estrada.

1 ponto = 100 habitantes   Escala 1:1000
1 ponto = 100 habitantes   Escala 1:1000

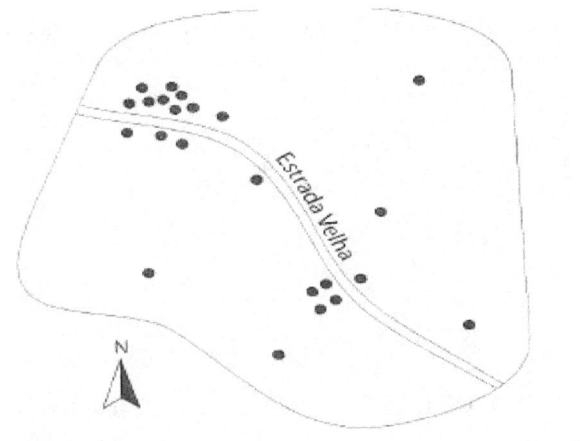

1 ponto = 100 habitantes   Escala 1:1000

c) Mapa de Círculos

Mapas de círculos são utilizados quando o foco está na representação estatística dos dados em vez da precisão espacial, como ocorre nos mapas de pontos.

Técnica de execução:

1. Definir os valores a serem representados para facilitar a interpretação dessas quantidades.

2. Calcular o raio (ou diâmetro) dos círculos com base nos valores definidos. Isso é feito usando uma proporção entre as raízes quadradas dos valores a serem representados e o menor desses valores, pois a área de uma circunferência é dada por $A = \pi R^2$.

3. Estabelecer a unidade do raio (ou diâmetro) dos círculos conforme a escala do mapa ou o próprio dado a ser representado.

A dinâmica pode ser ilustrada com base nos dados da tabela a seguir:

Região	Homens	Raiz quadrada	Mulheres	Raiz quadrada
Norte	60,3	7,76	45,9	6,77
Nordeste	95,6	9,78	80,6	8,98
Sudeste	37,0	6,08	22,8	4,77
Sul	33,6	5,80	19,6	4,43
Centro-Oeste	40,0	6,32	25,6	5,06

BRASIL: TAXA DE MORTALIDADE INFANTIL (%0) POR REGIÃO (1990)

Procedimentos de Execução

1. Com base na Tabela acima, que apresenta a "taxa de mortalidade infantil no Brasil por região", define-se o menor valor como referência, que é 19,6.

2. Calcula-se a raiz quadrada de todos os valores apresentados na tabela.

3. Estabelece-se a relação entre as raízes quadradas dos maiores valores da tabela e a raiz quadrada do menor valor.

$$9{,}78 \div 4{,}43 = 2{,}21$$
$$8{,}98 \div 4{,}43 = 2{,}03$$
$$7{,}76 \div 4{,}43 = 1{,}75$$
$$6{,}77 \div 4{,}43 = 1{,}53$$
$$6{,}32 \div 4{,}43 = 1{,}43$$
$$6{,}08 \div 4{,}43 = 1{,}37$$
$$5{,}80 \div 4{,}43 = 1{,}31$$
$$5{,}06 \div 4{,}43 = 1{,}14$$
$$4{,}77 \div 4{,}43 = 1{,}08v$$

4. Com os valores determinados, calcula-se o diâmetro (ou raio) do círculo com base no valor de referência (neste caso, 19,6). O valor de referência é atribuído a uma unidade de medida facilmente identificável (por exemplo, para uma taxa de mortalidade de 19,6%, usa-se 1,96 cm). Para as demais taxas, multiplica-se o valor encontrado no passo anterior pelo valor de referência, estabelecendo assim as proporções necessárias.

19,6‰ → 1,96 cm
22,8‰ → 1,96 cm × 1,08 = 2,12 cm
25,6‰ → 1,96 cm × 1,14 = 2,23 cm
33,6‰ → 1,96 cm × 1,31 = 2,57 cm
37,0‰ → 1,96 cm × 1,37 = 2,68 cm
40,0‰ → 1,96 cm × 1,43 = 2,80 cm
45,9‰ → 1,96 cm × 1,53 = 3,00 cm
60,3‰ → 1,96 cm × 1,75 = 3,43 cm
80,6‰ → 1,96 cm × 2,03 = 3,98 cm
95,6‰ → 1,96 cm × 2,21 = 4,33 cm

d) Mapas de Isolinhas

Os mapas de isolinhas são essenciais para a criação de modelos numéricos frequentemente associados a terrenos, como as isoípsas, ou curvas de nível. As curvas mestras, geralmente obtidas pela interpolação de pontos cotados, são marcadas com intervalos de 100 m. A equidistância das curvas intermediárias, normalmente derivadas das curvas mestras, varia conforme a escala do mapa: para uma escala de 1:50.000, o intervalo é de 20 m; para uma escala de 1:100.000, é de 40 m, e assim por diante. Em escalas maiores, são usadas curvas auxiliares com linhas tracejadas e intervalos de 50 m para melhorar a visualização.

Além das curvas de nível, os mapas de isolinhas podem incluir outros tipos, como isotermas (linhas de mesma temperatura), isóbaras (linhas de mesma pressão), isoietas (linhas de mesma precipitação), e isópagas (linhas de mesmo índice de geadas).

Procedimentos para sua construção:

1. Realize um levantamento de dados pontuais com coordenadas conhecidas.

2. Transfira os dados coletados para o mapa (veja a ilustração abaixo).
3. Determine a amplitude máxima entre os valores dos dados.

4. Defina as classes a serem representadas.

5. Trace as isolinhas utilizando um método de interpolação apropriado (também ilustrado na sequência).

e) Mapas de Fluxo

Os mapas de fluxo são usados para identificar movimentos em uma região, como deslocamentos populacionais, fluxos turísticos, rotas de transporte, migração de animais e outras movimentações. Eles representam graficamente esses fluxos através de linhas – geralmente setas – com espessura variada para indicar a intensidade e a proporção dos fluxos entre diferentes locais.

Frequentemente, mapas políticos servem como base para essa representação, mas diagramas esquemáticos também podem ser utilizados. Por exemplo, os fluxos de trens metropolitanos costumam ser representados dessa forma.

Procedimentos para sua execução:

1. Identifique os maiores e menores valores dos dados disponíveis.

2. Atribua um valor a cada linha a ser representada. Por exemplo, uma linha com espessura de 1 mm pode representar 10 unidades, enquanto uma linha de 5 mm pode representar 50 unidades.

3. No mapa-base, localize os pontos de origem e destino dos fluxos, minimizando os cruzamentos entre as linhas.

4. Desenhe as linhas no mapa correspondente.

Abaixo está uma simulação do fluxo de exportação/importação entre dois países fictícios, A e B. A direção das setas indica o volume de importação para cada país. No exemplo, o país A exporta 3 milhões de unidades monetárias para o país B e importa 1 milhão. Esta representação pode ser feita em um mapa ou de forma esquemática, conforme ilustrado.

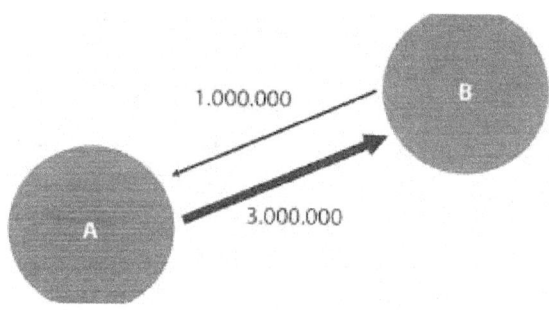

CONSIDERAÇÕES FINAIS

A jornada através da ciência da medição da Terra, abordando desde as origens da geodésia até os avanços modernos da agrimensura e das tecnologias espaciais, revela a profundidade e a complexidade deste campo essencial. A exploração da geodésia e da agrimensura, suas técnicas, instrumentos e aplicações, ilustra a importância contínua dessas disciplinas na nossa compreensão do planeta e no desenvolvimento das tecnologias que moldam nossa vida cotidiana.

Desde os primeiros métodos rudimentares de medição da Terra até as sofisticadas técnicas de geodésia espacial, a ciência da medição evoluiu de maneira notável. A integração de novas tecnologias, como sistemas de navegação por satélite e técnicas avançadas de sensoriamento remoto, transformou a precisão e a abrangência das medições. A capacidade de obter dados com precisão milimétrica e em tempo real permitiu avanços significativos em áreas como monitoramento ambiental, planejamento urbano e exploração espacial.

A relação entre a geodésia e a agrimensura é um exemplo claro de como disciplinas científicas inter-relacionadas contribuem para uma compreensão mais completa e precisa da Terra. A geodésia fornece os referenciais globais e os modelos necessários para corrigir e ajustar medições locais realizadas pela agrimensura. Juntas, essas disciplinas garantem que as medições e os mapas criados sejam precisos, coerentes e úteis para uma ampla gama de aplicações práticas.

O impacto das tecnologias emergentes é evidente em todas as áreas da ciência da medição da Terra. A ascensão dos sistemas GNSS, a utilização de lasers para varredura de terrenos e a implementação de técnicas de Big Data para análise de dados são apenas alguns exemplos de como a inovação tecnológica está transformando o campo. Essas tecnologias não apenas aprimoram a precisão das medições, mas também ampliam as possibilidades de aplicação, desde a agricultura de precisão até a exploração de outros planetas.

Embora os avanços tecnológicos tenham ampliado significativamente as capacidades da ciência da medição, desafios persistem. A integração de grandes volumes de dados, a necessidade de correções em tempo real e a adaptação às mudanças ambientais e tectônicas são áreas que exigem atenção contínua. A pesquisa e o desenvolvimento em áreas como a geodésia espacial e a agrimensura continuarão a enfrentar esses desafios, oferecendo novas soluções e perspectivas.

O futuro da ciência da medição da Terra promete ser ainda mais inovador e expansivo. Com o avanço contínuo das tecnologias espaciais e da análise de dados, a capacidade de entender e monitorar o nosso planeta será aprimorada, possibilitando uma gestão mais eficiente dos recursos naturais e uma melhor preparação para desastres naturais. Além disso, a exploração de outros corpos celestes e a expansão da exploração espacial criarão novas oportunidades e desafios para a medição e a compreensão do universo.

O estudo da geodésia e da agrimensura não é apenas uma exploração de técnicas e tecnologias, mas também uma jornada para compreender a interconexão entre a ciência, a tecnologia e a vida cotidiana. À medida que continuamos a explorar e a expandir nossos horizontes, é fundamental reconhecer a importância dessas disciplinas na criação de um futuro mais preciso, sustentável e exploratório. A medição da Terra, tanto no contexto global quanto local, desempenha um papel crucial na nossa capacidade de enfrentar desafios, aproveitar oportunidades e entender nosso lugar no cosmos.

Ao concluir esta obra, esperamos que o leitor tenha obtido uma compreensão mais profunda das complexidades e das inovações na ciência da medição da Terra. A interseção entre geodésia e agrimensura revela não apenas a precisão científica necessária para a nossa era moderna, mas também a capacidade humana de inovar e adaptar-se para resolver problemas e explorar novas fronteiras.

REFERÊNCIAS BIBLIOGRÁFICAS

Aqui está a lista organizada em ordem crescente:

1. ALMEIDA, C. M. Aplicação dos sistemas de sensoriamento remoto por imagens e o planejamento urbano regional. Revista Eletrônica de Arquitetura e Urbanismo (USJT) v. 3, p. 98-123, 2010.

2. ALMEIDA, Ariclo Pulinho Pires de; FREITAS, José Carlos de Paula; MACHADO, Maria Márcia Magela. TOPOGRAFIA - 1 - Fundamentos, Teoria e Prática Instituto de Geociências da Universidade Federal de Minas Gerais, Dept°. de Cartografia, 2006. Disponível em: www.csr.ufmg.br/geoprocessamento/publicacoes/Apostila%20Top1.pdf

3. ANGULO FILHO, Rubens. Apontamentos das aulas de Topografia e Geoprocessamento. Piracicaba: USP, 2007.

4. BRANDALIZE, Maria Cecília Bonato. Geoprocessamento: apontamentos. Curitiba: UFPR, 2008.

5. BRASIL. Lei no 6.938, de 31 de agosto de 1981. Disponível em:
<http://www.mma.gov.br/port/conama/legiabre.cfm?codlegi=313>.

6. BRASIL. NBR 13133. Execução de levantamento topográfico. Com errata de dezembro de 1996. Disponível em:

http://www.georeferencial.com.br/old/material_didatico/NBR_1 3133_Execucao_de_Levantamento_Topografico.pdf

7. CASTRO JUNIOR, Rodolfo Moreira. Topografia. Vitória: UFES, 1998. Disponível em: http://www.ltc.ufes.br/geomaticsce/Apostila%20de%20Topografia.PDF

8. CINTRA, J. P. Automação da topografia: do campo ao projeto. São Paulo: USP, 1993. Tese Livre Docência em Engenharia de Transportes.

9. CORRÊA, Mônica et al. Utilização do geoprocessamento no licenciamento ambiental, para mapeamento, quantificação e monitoramento de manguezais. Anais XVI Simpósio Brasileiro de Sensoriamento Remoto - SBSR, Foz do Iguaçu, PR, Brasil, 13 a 18 de abril de 2013, INPE. Disponível em: http://www.dsr.inpe.br/sbsr2013/files/p1241.pdf

10. DI MAIO, Angélica Carvalho. Conceitos de geoprocessamento. Niterói: UFF, 2008.

11. DOMINGUES, F. A. A. - Topografia e astronomia de posição para engenheiros e arquitetos. São Paulo: Editora McGraw-Hill do Brasil, 1979.

12. FREIBERGER, Jaime; MORAES, Carlito V. de; SAATKAMP, Eno D. Geodésia e Topografia. Notas de aula. Santa Maria: UFSM, 2011.

13. FREITAS, Thiago de Souza. O que é topografia, qual a sua atuação, objetivos, importância e suas divisões. Juazeiro do Norte: Universidade Regional do Cariri, 2011.

14. GARRIDO, Mário. Levantamento topográfico – Planimetria. Campinas: Universidade Estadual de Campinas/Centro Superior de Educação Tecnológica, 2008.

15. GIACOMIN, Regiane F. Apostila de Topografia Curso Técnico de Edificações. SENAI, 2009. Disponível em: http://notedi1.files.wordpress.com/2010/02/apostila_topografia.pdf

16. GRANELL-PÉREZ, Maria del Carmen. Trabalhando geografia com as cartas topográfica. Ijuí: Editora Unijuí, 2001.

17. INUÍ, César. Metodologia para controle de qualidade de cartas topográficas digitais. São Paulo: USP, 2006.

18. LOCH, Carlos; CORDINI, Jucilei. Topografia contemporânea: planimetria. Florianópolis: Ed. da UFSC, 2000.

19. MARQUES, Ricardo. Introdução à Geodésia. João Pessoa: UFPb, 2013.

20. MDE/INCRA. Ministério do Desenvolvimento Agrário (MDE). Norma Técnica para o Georreferenciamento de Imóveis Rurais. Instituto de Colonização e Reforma Agrária (INCRA). 2003.

21. MEDINA, A. O Termo Grego 'Geodésia' - um Estudo Etimológico, GEODÉSIA online, 3/1997.

22. MENKE, A.B., et al. Análise das mudanças do uso agrícola da terra a partir de dados de sensoriamento remoto multitemporal no município de Luís Eduardo Magalhães (Ba – Brasil). Sociedade & Natureza, Uberlândia, v. 21, n. 3, p. 315-326, 2009.

23. OLIVEIRA, C. de. Curso de Cartografia moderna. 2 ed. Rio de Janeiro: IBGE, 1993.

24. ORTH, Dora. Topografia Aplicada. Florianópolis: UFSC, 2008.

25. RODRIGUES, Vilmar Antônio. Implantação da rede geodésica Unesp para integração ao sistema geodésico brasileiro. Botucatu: Unesp, 2006. Disponível em: http://www.pg.fca.unesp.br/Teses/PDFs/Arq0096.pdf

26. SANTOS, Marinalva Nunes Martins de Andrade. Aplicação do Geoprocessamento para gestão de vias públicas no município de Itabira MG. Belo Horizonte: UFMG, 2004. Disponível em: http://www.csr.ufmg.br/geoprocessamento/publicacoes/MarinalvaSantos2004.pdf

27. SCHUEDA, Diogo Ehlke. Aplicação de ferramentas de georreferenciamento em iluminação pública e utilização de luminárias de alto rendimento. Um estudo de caso em Araucária –PR. Curitiba: Universidade Federal do Paraná, 2011.

28. SILVA, Alison Galdino de Oliveira; AZEVEDO, Verônica Wilma Bezerra; SEIXAS, Andréa de. Métodos de levantamentos topográficos planimétricos para o georreferenciamento de

imóveis rurais. Anais 1º Simpósio de Geotecnologias no Pantanal, Campo Grande, Brasil, 11-15 novembro 2006, Embrapa Informática Agropecuária/INPE, p.939-948. Disponível em: http://mtc-m17.sid.inpe.br/col/sid.inpe.br/mtc-m17@80/2006/12.12.13.39/doc/p111.pdf

29. SILVA, H.R., ALTIMARE, A.L., LIMA, E.A.C. de F. Sensoriamento remoto na identificação do uso e ocupação da terra na área do projeto "Conquista da Água", Ilha Solteira - SP, Brasil. Engenharia Agrícola, Jaboticabal, v. 26, n. 1, 2006.

30. VEIGA, Luis Augusto Koenig; ZANETTI, Maria Aparecida Z.; FAGGION, Pedro Luis. Fundamentos de Topografia. 2012. Disponível em: http://www.cartografica.ufpr.br/docs/topo2/apos_topo.pdf

31. VELASQUEZ, Iara Ferrugem et al. Aplicação de Geoprocessamento no Licenciamento Ambiental do Estado do Rio Grande do Sul. Disponível em: http://www.fepam.rs.gov.br/programas/paper_geo.pdf

www.ingramcontent.com/pod-product-compliance
Lightning Source LLC
Chambersburg PA
CBHW070252220526
45465CB00004B/1588